辽宁省首批现代学徒制试点项目

机械设计基础

主　编　高文英

副主编　李宏远　李承泽　张　琦

刘　超　李　时

四川大学出版社
SICHUAN UNIVERSITY PRESS

项目策划：蒋　玙　周维彬
责任编辑：蒋　玙　周维彬
责任校对：唐　飞
封面设计：嘉鸿永徽科技
责任印制：王　炜

图书在版编目（CIP）数据

机械设计基础 / 高文英主编. — 成都 : 四川大学出版社，2022.2

ISBN 978-7-5690-5272-5

Ⅰ. ①机… Ⅱ. ①高… Ⅲ. ①机械设计－高等职业教育－教材 Ⅳ. ① TH122

中国版本图书馆 CIP 数据核字 (2021) 第 277442 号

书名　机械设计基础

主　　编	高文英
出　　版	四川大学出版社
地　　址	成都市一环路南一段 24 号（610065）
发　　行	四川大学出版社
书　　号	ISBN 978-7-5690-5272-5
印前制作	嘉鸿永徽科技
印　　刷	北京文昌阁彩色印刷有限责任公司
成品尺寸	185mm×260mm
印　　张	10.75
字　　数	275 千字
版　　次	2022 年 4 月第 1 版
印　　次	2022 年 4 月第 1 次印刷
定　　价	39.80元

◆ 读者邮购本书，请与本社发行科联系。
电话：(028)85408408/(028)85401670/
(028)86408023　邮政编码：610065
◆ 本社图书如有印装质量问题，请寄回出版社调换。
◆ 网址：http://press.scu.edu.cn

四川大学出版社
微信公众号

前言

“机械设计基础”是机械类和近机类专业的一门专业基础课。为适应现代化建设对人才培养的需求，适应国家对普通高等教育提出的新要求，适应当前各学校机械类及近机类专业教学体系及内容改革的发展趋势特编写了本书。

本书按照全国机械职业教育教学指导委员会制订的机械设计基础课程的基本要求和教材编写大纲编写，针对普通高等教育的基本特点及要求，以培养面向生产一线的应用型技术人才为原则，主要讲授了常用机构的工作原理及设计方法、常用机械传动装置的工作原理及设计方法、通用零部件的设计标准及设计方法和常用的机构选型及机械强度设计的遵循准则等。全书共13章，包括概论、平面机构、平面连杆机构、凸轮机构、螺旋运动、带传动、链传动、齿轮传动、蜗杆传动、齿轮系、轴与轮毂连接、轴承及联轴器、离合器，内容由浅入深，循序渐进。

本书由沈阳职业技术学院高文英担任主编，李宏远、李承泽、张琦、刘超、李时担任副主编。其中，高文英编写第1章、第2章、第5章、第6章，李宏远编写第3章、第9章、第10章，李承泽编写第4章、第7章，张琦编写第8章、第11章，刘超编写第12章，李时编写第13章。

本书在编写过程中得到了沈阳东方英云信息技术有限公司及刘晨工程师给予的支持和帮助，同时也得到了相关院校专家及教师的大力支持，在此表示衷心的感谢。

由于编者水平有限，书中错误之处在所难免，请广大读者不吝批评指正。

编　者

目 录

第1章 概　论

随着科学技术的不断发展,机械工业也随之发展,机械工业是科学技术物化为生产力的重要载体。在一次又一次工业革命过程中,机械与冶金、化工、电力、电子及信息产业等诸多领域科技成果的有机结合,不断地为工业、农业、交通运输、国防建设和人们日常生活等方面提供先进的设备和器械。生产过程机械化与自动化的实现,极大地推动了技术创新与社会进步,充分体现了机械工业在国民经济发展中所起到的重要作用。

1.1 课程研究对象

人们在长期的生产实践中设计并创造了许多机器,其不断的更新演变形成了当今多种多样的类型。在现代生产和日常生活中,机器已成为代替或减轻人类劳动、提高劳动生产率的主要工具。使用机器的水平是衡量一个国家现代化程度的重要标志。

机械是机器与机构的总称。机械设计包括机器设计和机构设计两大部分内容。本课程的研究对象是机器及组成机器的机械零部件。在“机械设计基础”课程中,机械设计与机器设计同义。

机器是人类进行生产以减轻人类劳动和提高劳动生产率的主要工具。机器由于其构造、性能及用途的不同而种类繁多。就其功能组成而言,机器是由动力部分、传动部分和执行部分组成的机械系统。现代机器一般还有控制部分和辅助部分(如润滑、显示、照明等),但机器的主体是机械系统。

从制造和装配的角度来看,任何机器都是由许多基本单元组成的。这些基本单元就是机械零件,简称零件,它们是机器中最小的独立制造单元。由一组协同工作的零件所组成的独立制造或独立装配的组合体,称为部件。零件与部件统称为零部件(有些场合,零件即指零部件)。

机械零部件可分为通用零部件和专用零部件两大类:在各种机器中都能用到的零部件称为通用零部件,如螺钉、齿轮、轴、滚动轴承、联轴器、减速器等;在某种特定类型的机器中才能用到的零部件称为专用零部件,如涡轮机的叶片、内燃机的活塞、纺织机的织梭等。本课程研究对象中的机械零部件,是指在普通条件下工作的一般尺寸与参数的通用零部件。

图1-1所示为单缸四冲程内燃机。燃气推动活塞往复运动,经连杆转变为曲轴的连续转动。

凸轮和推杆是用来启闭进气阀和排气阀的。为了保证曲轴每转两周，进、排气阀各启闭一次，曲轴与凸轮轴之间安装了齿数比为1:2的齿轮。这样，当燃气推动活塞运动时，各构件协调地动作，进、排气阀有规律地启闭，加上汽化、点火等装置的配合，就把热能转换为曲轴回转的机械能。

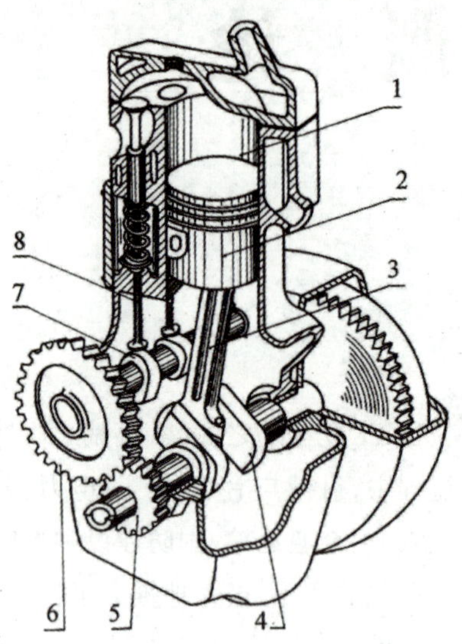

1—气缸体；2—活塞；3—连杆；
4—曲轴；5—小齿轮；6—大齿轮；
7—凸轮；8—推杆

图1-1　单缸内燃机

尽管机器种类繁多、形状各异，但就其功能而言，一般的机器主要由五个部分组成，如图1-2所示。

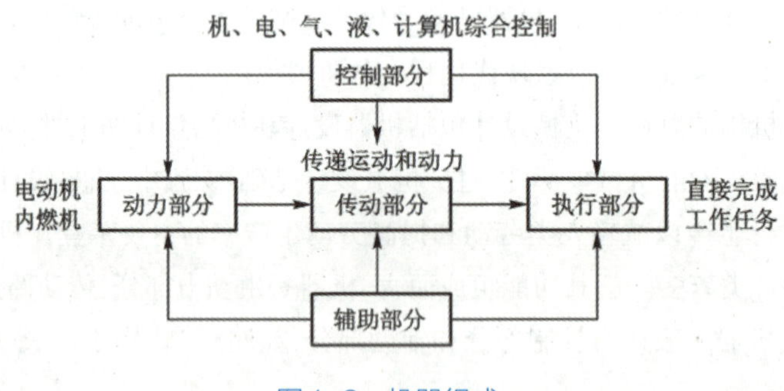

图1-2　机器组成

1.2 课程内容及学习方向

1.2.1　课程内容

机器由若干机构及零部件组成，机器的功能指标取决于机构类型及零部件的工作能力。为

此，本课程内容在简要介绍有关整部机器设计的基本知识的基础上，重点讨论常用机构的运动规律、设计准则、设计计算等基本知识，通用机械零部件在一般工作条件下的结构特点、设计准则及设计计算等问题。

1.2.2 机械设计的基本要求

1. 良好的使用性能，能实现预期功能

机器不仅应满足使用要求，而且应操作容易、保养简单、维修方便。

2. 安全性能

机械设计必须以人为本，凡关系到人身安全或重大设备的零部件都必须进行认真、严格的设计计算或校核计算少，不能凭经验或以“类比”代替。计算说明书应妥善保留，以备核查。暴露的运动构件要配置防护网，易造成人身伤害的部位必须有安全联锁装置或可实施远距离操纵，电气元件、导线的规格和安装必须符合安全标准。除此之外，为保护设备，还应设置保险销、安全阀等过载保护装置及红灯、警铃等警示装置。

3. 可靠，耐用

机器在预定的使用期限内不发生或极少发生故障，大修或更换易损件的周期不宜太短，以免经常停机影响生产。但是，也不宜过分强调“耐用”。现代化生产推行定期更新和逾期强制报废，个别零部件的“长寿”对整机并无实际意义。

4. 经济

机械设计中应尽可能多选用标准件和成套组件，它们不仅可靠、价廉，而且能大大节省设计工作量，可以说，设计中使用标准件的多少是评价设计水平的重要标志。另外，设计中要重视节约贵重原材料，降低成本。

5. 符合环保要求

符合环保要求是指：机器噪声不超标；不采用石棉等禁用的原材料；确保机械使用过程不泄潮水、油粉尘和烟雾；生产中的废水、废气必须经过治理，达标排放。

1.3 机械设计的基本过程

机械设计的基本过程包括以下五个步骤。

(1)产品规划。产品规划是指首先根据社会、市场和用户的需要，确定机器的功能和经济技术指标，进而研究实现的可能性，然后确定设计需要解决的问题和项目，并编制设计任务书。应在调查分析的基础上，组织人员拟订可行的工作计划。

(2)方案设计。方案设计是指根据设计任务书规定的机器功能，拟订机器的总体布置及传动方案，分析机构的运动规律和受力情况。这一阶段中往往需要拟订多种方案，并对各方案的经济技术指标及可行性进行比较，然后从中选用最佳方案。

(3)技术设计。技术设计是指依据总体方案,通过运动学和动力学计算,以及关键零部件工作能力和寿命的计算,有时还需借助试验测得必要的数据,确定结构中零部件的形状、尺寸及其相互间的位置关系,绘出总体结构草图。

(4)零部件设计。零部件设计是指根据总体结构要求,考虑零部件的工艺性和工作能力,绘制零部件工作图,并编写出相应的技术文件和说明书。

(5)产品定型设计。设计的图纸能否实现预定的功能和满足各项要求,可靠性和经济性又如何,这些都需经过试制样机、试车,以做出科学的鉴定和评价,然后进行修改,再试制样机、试车,直至达到产品定型设计的要求。

第2章

平面机构

2.1 运动副

机构是由许多构件组成的。机构的每个构件都以一定的方式与其他某些构件相互连接,这种连接不是固定连接,而是能产生一定相对运动的连接。两构件直接接触并能产生一定相对运动的连接称为运动副。构件组成运动副后,其独立运动受到约束,自由度随之减少。

两构件组成运动副,其接触不外乎点、线、面。按照接触特性,通常把运动副分为低副和高副两类。

2.1.1 运动副的分类

1. 低副

低副是指两构件通过面接触而组成的运动副,在平面机构中,常规的低副有转动副和移动副两种。

(1)转动副。转动副是指组成运动副的两构件只能绕某一轴线做相对转动的运动副。通常转动副的具体形式是用铰链连接,即由圆柱销和销孔构成转动副,如图2-1所示。

(2)移动副。移动副是指组成运动副的两构件只能做相对直线移动的运动副,如图2-2所示。活塞与汽缸体所组成的运动副即为移动副。

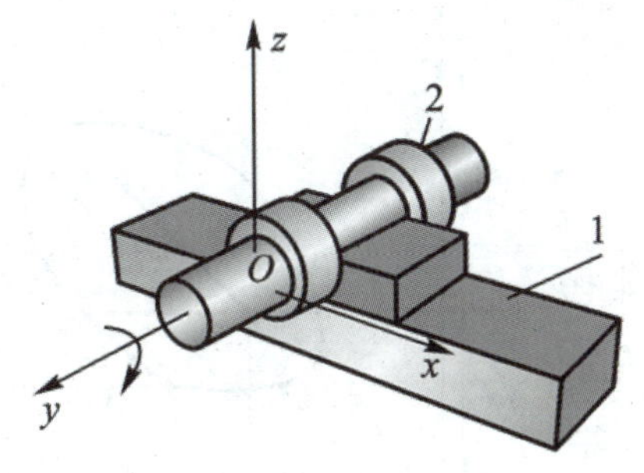

1—支撑件;2—转动件

图2-1 转动副

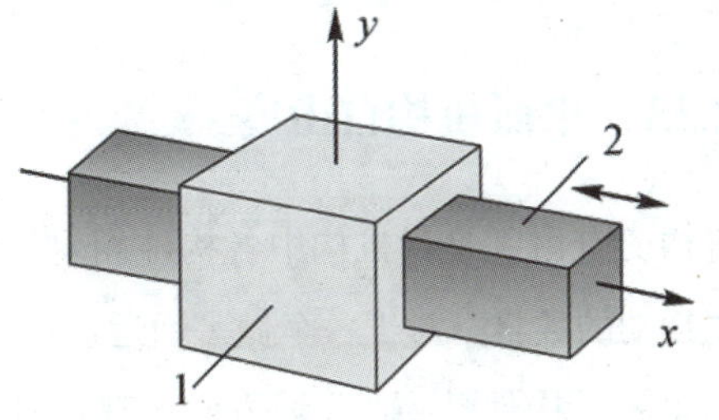

1—移动件1;2—移动件2

图2-2 移动副

2. 高副

高副是指两构件通过点或线接触而组成的运动副,常见的高副有齿轮副和凸轮副,如图2-3所示。

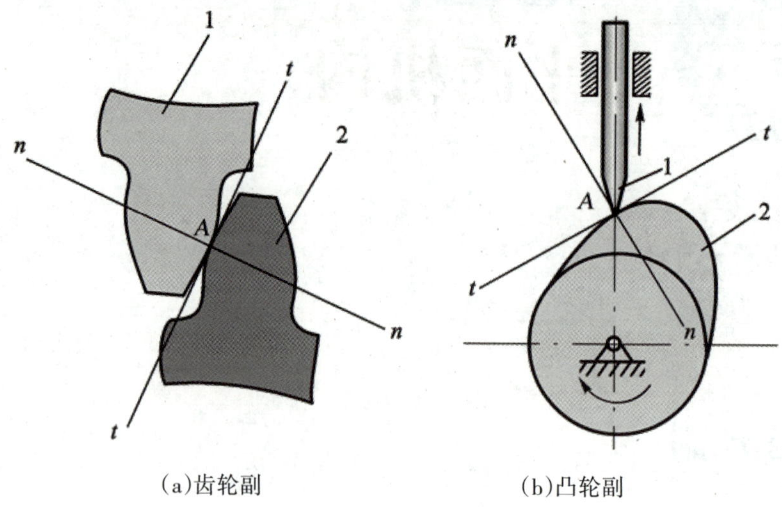

(a)齿轮副　　(b)凸轮副

图2-3　高副

2.1.2　运动副的特点

(1)低副的特点。低副由于是面接触,承受载荷时的单位面积压力较小,故较耐用,传力性能好。但低副是滑动摩擦,摩擦损失大,因而效率低。低副不能传递较复杂的运动。

(2)高副的特点。高副由于是点或线接触,承受载荷时的单位面积压力较大,故两构件接触处容易磨损,制造和维修困难;但高副能传递较复杂的运动。

2.2　运动确定性

机构的各构件之间应具有确定的相对运动。显然,不能产生确定的相对运动或无规则乱动的一堆构件难以用来传递运动。为了使组合起来的构件能产生运动并具有运动确定性,有必要探讨机构自由度和机构具有确定运动的条件。

2.2.1　平面机构自由度

机构的自由度是指机构中各构件相对于机架所能有的独立运动的数目。对于一个做平面运动的构件,只有三个自由度——构件沿 x 轴、y 轴方向的移动和绕垂直于平面 xOy 的任意轴线的转动,如图2-4所示。

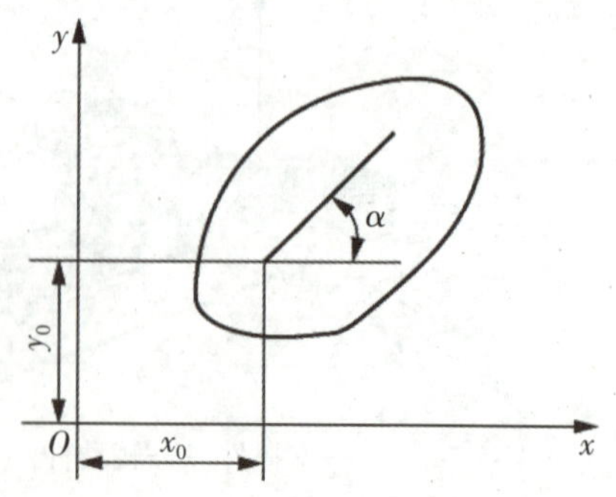

图2-4　自由度

平面机构的自由度与组成机构的构件数目、运动副的数目及性质有关。如图2-5所示，观察三杆构件组合系统、四杆构件组合系统及五杆构件组合系统，它们皆用转动副连接，但因三者的构件数与运动副数不同，则三个构件系统的自由度也不同。显然，三杆构件组合系统不能动，自由度为0；四杆构件组合系统具有确定的运动，自由度为1；五杆构件组合系统也具有确定的运动，自由度为2。

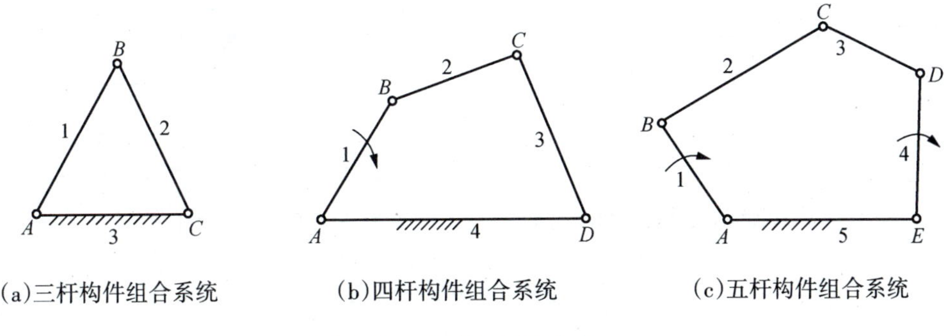

图2-5　平面机构的自由度

在平面机构中，每个平面低副(转动副、移动副等)引入2个约束，使构件失去2个自由度，保留1个自由度；每个平面高副(齿轮副、凸轮副等)引入1个约束，使构件失去1个自由度，保留2个自由度。如果一个平面机构中包含n个可动构件(机架为参考坐标系，相对固定而不计)，在没有用运动副连接之前，这些可动构件的自由度总数应为$3n$。当各构件用运动副连接之后，运动副引入的约束将使构件的自由度减少。若机构中有P_l个低副和P_h个高副，则所有运动副引入的约束总数为$2P_l+P_h$。因此，机构的自由度计算可用可动构件的自由度总数减去约束的总数，即

$$F = 3n - 2P_l - P_h \tag{2-1}$$

例2-1 计算图2-6曲柄滑块机构的自由度。

$$F = 3n - 2P_l - P_h = 3 \times 3 - 2 \times 4 - 0 = 1$$

其中，活动构件数n=3，低副数P_l=4，高副数P_h=0。

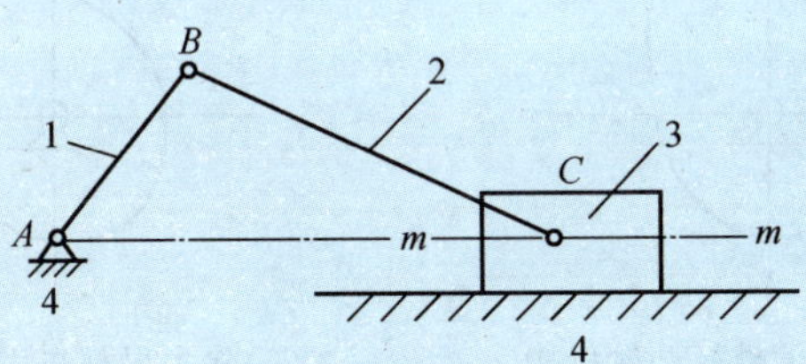

图2-6　曲柄滑块机构

2.2.2　计算自由度时的注意事项

1. 复合铰链

复合铰链是指由两个以上的构件同时在一处用转动副连接构成的铰链。如图2-7所示，由三个构件汇交成的复合铰链，这三个构件共组成两个转动副，依次类推，由K个构件汇交而成的

复合铰链应具有$K-1$个转动副。在计算机构自由度时应注意识别复合铰链，以免把转动副的个数算错。

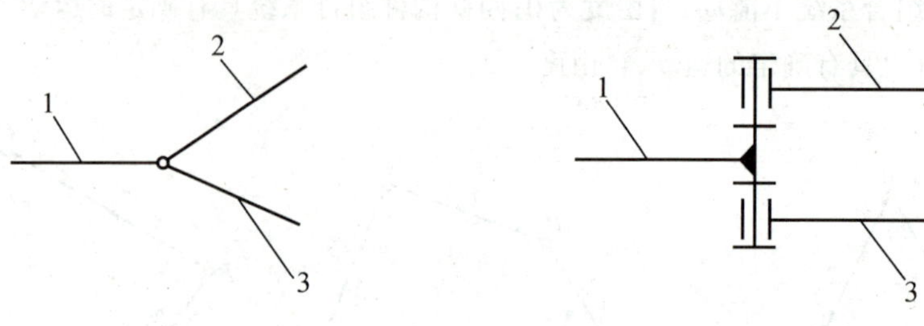

(a)铰链轴线垂直纸面　　(b)铰链轴线平行纸面

图2-7　复合铰链

2. 局部自由度

在有些机构中，其某些构件所能产生的局部运动并不影响其他构件的运动，我们把这些构件能产生局部运动的自由度称为局部自由度。在计算机构自由度时，应将机构中的局部自由度除去不计。如图2-8(a)所示，为改善接触处的工作状况，推杆上多增加了一个圆柱滚子，将推杆接触处的滑动摩擦改变为滚动摩擦，提高了传动效率，减小了磨损。但同时在此处引入了一个局部自由度。因此，为了正确计算机构自由度，需先将局部自由度除去，如图2-8(b)所示，再进行计算。

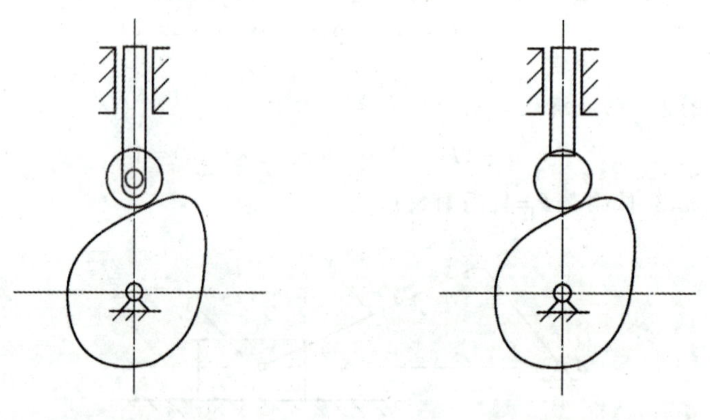

(a)圆柱滚子推杆凸轮机构　　(b)除去局部自由度后的机构

图2-8　局部自由度

3. 虚约束

在机构中，有些运动副带入的约束对机构的运动只起重复约束作用，这类约束称为虚约束。在计算机构的自由度时应将虚约束除去。

机构中的虚约束常发生在下列情况：

(1)在机构中如果两构件用转动副连接，连接前、后，其连接点的运动轨迹重合，则该连接将带入一个虚约束，如图2-9所示。

(2)如果两构件在多处接触而构成移动副，且移动方向彼此平行，则只能算一个移动副，如图2-10所示；如果两构件在多处配合而构成转动副，且转动轴线彼此重合，则只能算一个转动副；如果两构件在多处接触而构成平面高副，且各接触点处的公法线彼此重合，则只能算一个平面高副。

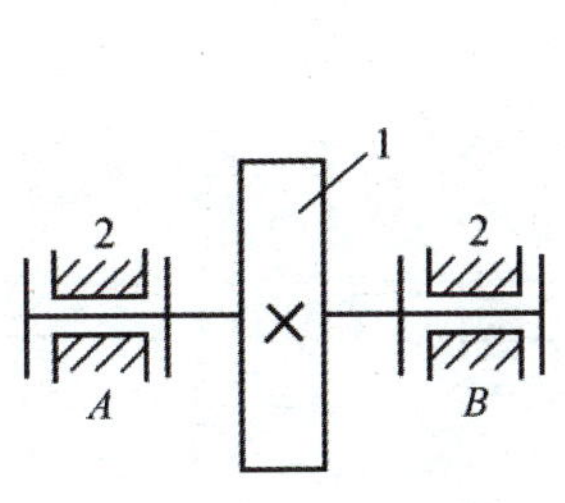

图2-9 转动副虚约束

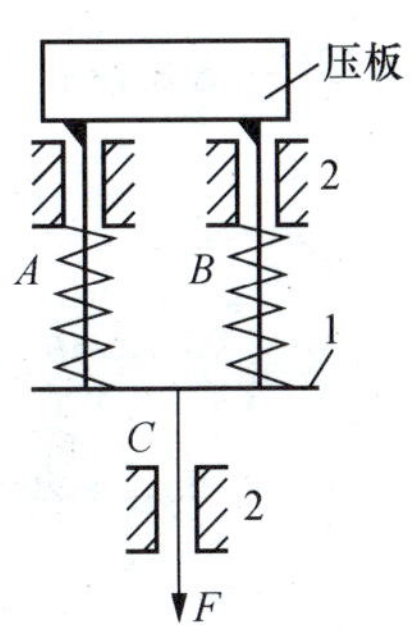

图2-10 移动副虚约束

(3)机构中存在对传递运动不起独立作用的对称部分，如图2-11所示。

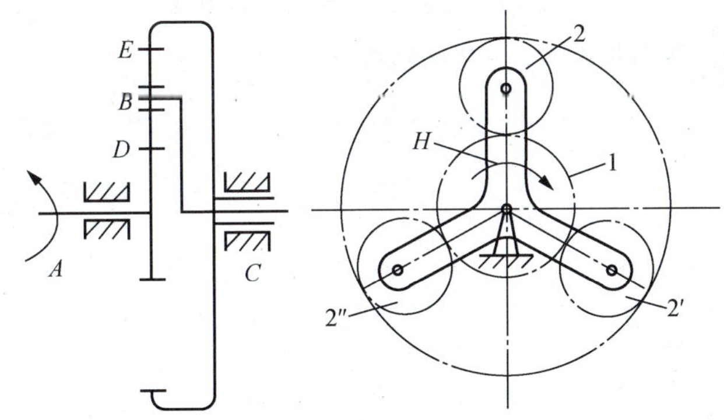

图2-11 行星轮系

(4)被连接件上点的轨迹与机构上连接点的轨迹重合，如图2-12所示。

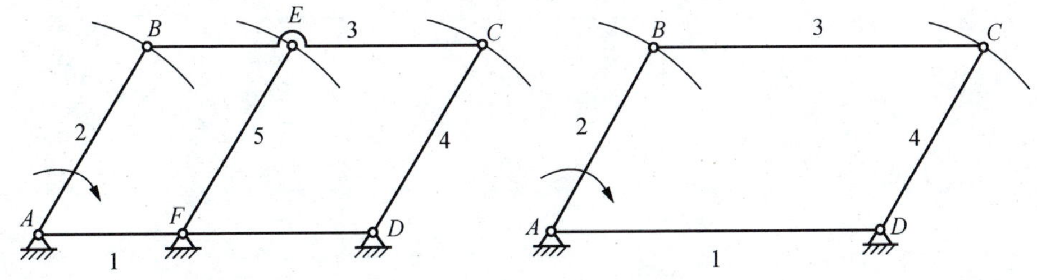

图2-12 平行四边形机构

2.2.3 机构有确定运动的条件

机构要能运动，它的自由度必须大于0。机构的自由度表明机构具有的独立运动数。由于每一个原动件只可从外界接受一个独立运动规律(如内燃机的活塞具有一个独立的移动)。因此，当机构的自由度为1时，只需有1个原动件；当机构的自由度为2时，则需有2个原动件。故机构具有确定运动的条件是：构件系统的自由度必须大于0，且原动件数必须等于自由度。如果机构的自由度大于原动件数，机构的运动将不确定；如果机构的自由度小于原动件数，机构将不能运动，甚至损坏机构中的最薄弱环节。

例2-2 计算图2-13大筛机构的自由度，并判定此机构是否有确定的运动。(标有箭头的构件为原动件)

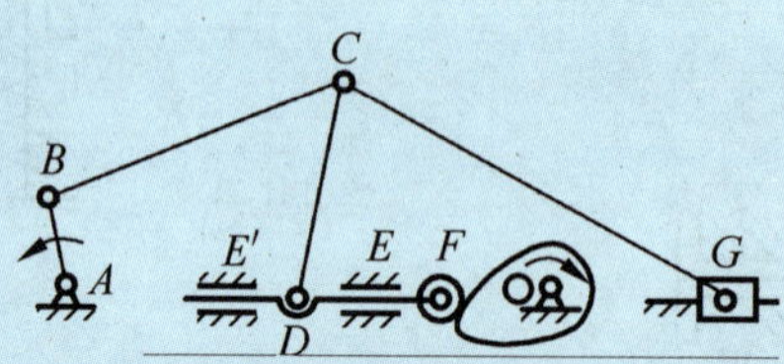

图2-13　大筛机构

解 凸轮副中的滚子具有局部自由度。E和E'为两构件组成的导路平行的移动副，其中之一为虚约束。C为复合铰链。故

$$F=3n-2P_l-P_h=3\times7-2\times9-1\times1=2$$

此机构有两个原动件，所以此机构有确定的运动。

第3章

平面连杆机构

平面连杆机构是由若干构件用低副连接组成的平面机构，又称平面低副机构。平面连杆机构中构件的运动形式多样，可以实现给定运动规律或运动轨迹。低副以圆柱面或平面相接触，承载能力高、耐磨损、制造简便、易于获得较高的制造精度。因此，平面连杆机构在各种机械、仪器中获得了广泛应用。

最简单的平面连杆机构由四个构件组成，称为平面四杆机构。它的应用十分广泛，而且是组成多杆机构的基础。因此，本章着重介绍平面四杆机构的基本类型、特性及其设计方法。

3.1 平面连杆机构的特点

(1)平面连杆机构广泛应用于各种机械和仪表中，平面连杆机构的主要优点如下：

①运动副都是低副，压强小、便于润滑、磨损轻、寿命长、传递动力大。

②运动副元素的几何形状简单、易于加工，可获得较高精度，成本低。

③在主动件匀速连续运动的条件下，当各构件的相对长度不同时，从动件可实现多种形式的运动，满足多种运动规律的要求。

④连杆上各点轨迹形状各异，可利用这些曲线来满足不同的轨迹要求。

(2)平面连杆机构的主要缺点如下：

①平面连杆机构的运动链较长，运动副中存在的间隙及构件的尺寸误差将导致较大的积累误差，降低机械效率。

②平面连杆机构只能近似地满足对运动规律和运动轨迹的要求，不容易实现精确复杂的运动规律。

③机构中做平面运动和移动的构件所产生的惯性力难以平衡。因此，平面连杆机构不宜用于高速传动。

3.2 平面四杆机构

由若干个构件通过低副连接，且所有构件在相互平行平面内运动的机构称为平面连杆机构。全部用转动副相连的平面四杆机构称为平面铰链四杆机构，简称铰链四杆机构，如图3-1所示。

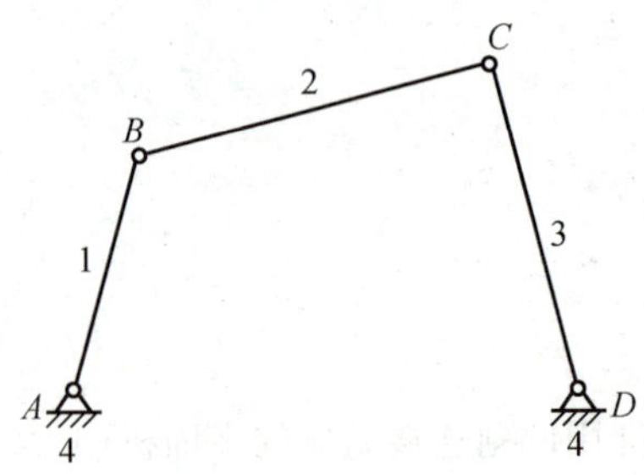

图3-1 铰链四杆机构

机构的固定构件4称为机架，与机架用转动副直接连接的构件1和3称为连架杆，不与机架直接连接的构件2称为连杆。若组成转动副的两构件能做整周相对转动，则称该转动副为整转副；否则称为摆动副。与机架组成整转副的连架杆称为曲柄，与机架组成摆动副的连架杆称为摇杆。

对于铰链四杆机构，机架和连杆总是存在的。因此，可按照连架杆是曲柄还是摇杆，将铰链四杆机构分为三种基本形式：曲柄摇杆机构、双曲柄机构和双摇杆机构。

3.2.1 曲柄摇杆机构

如图3-2所示，A为整转副，D为摆动副，此机构为具有一个曲柄、一个摇杆的铰链四杆机构，称为曲柄摇杆机构。通常曲柄为原动件，并做匀速转动；而摇杆为从动件，做变速往复摆动。

搅拌机（图3-3）、天线四杆机构（图3-4）及缝纫机脚踏机构（图3-5）均为曲柄摇杆机构。在图3-4中，曲柄缓慢地匀速转动，通过连杆使摇杆在一定角度范围内摆动，以调整天线俯仰角的大小。

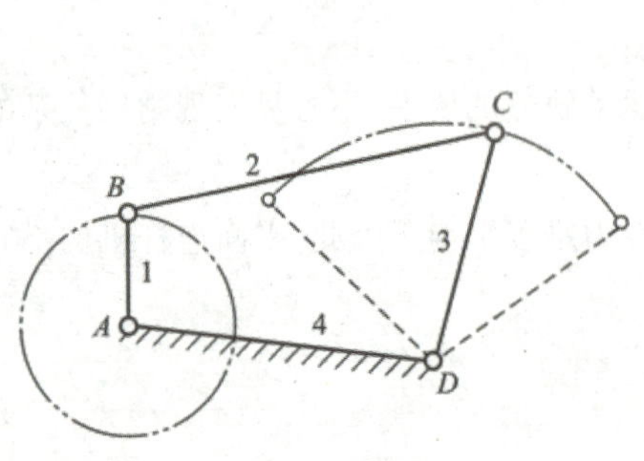

图3-2 铰链四杆机构

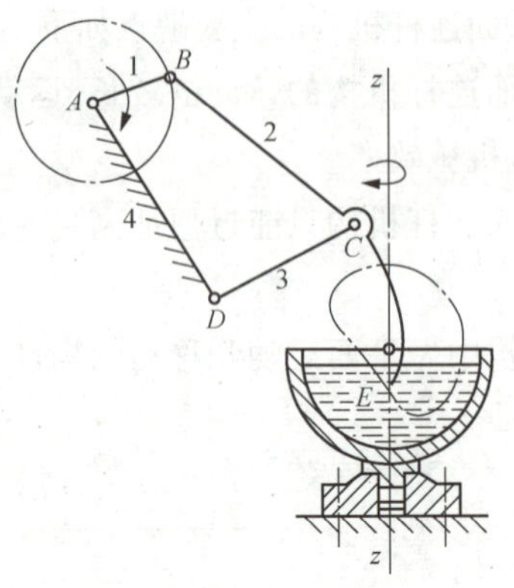

图3-3 搅拌机

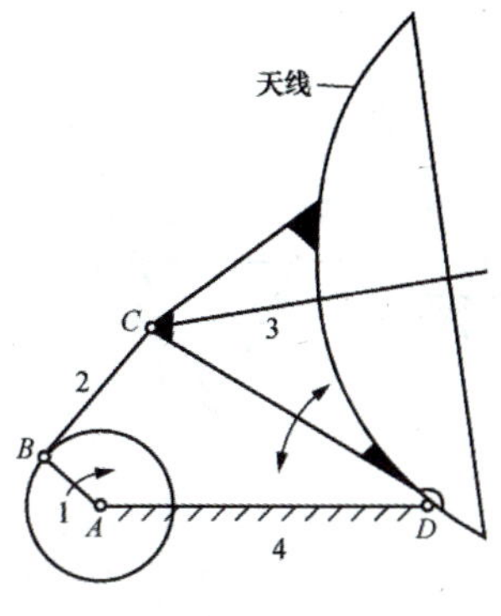

图3-4　天线四杆机构

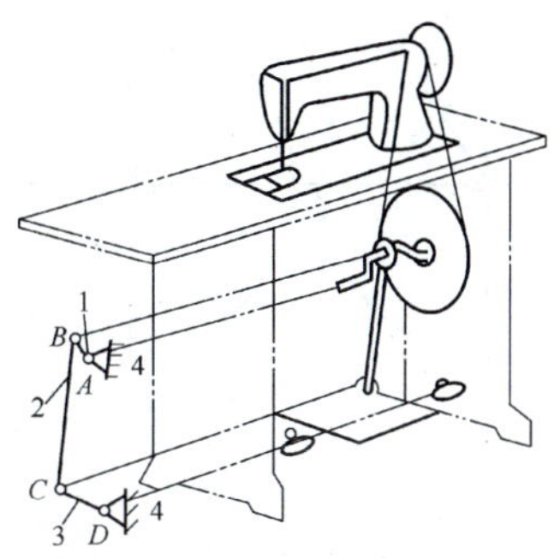

图3-5　缝纫机脚踏机构

3.2.2　双曲柄机构

具有两个曲柄的铰链四杆机构，称为双曲柄机构。如图3-6所示的惯性筛机构就为双曲柄机构。在惯性筛机构中，A和D都为整转副，主轴曲柄AB等角速度回转一周，曲柄CD变角速度回转一周，进而带动筛子往复运动，筛选物料。

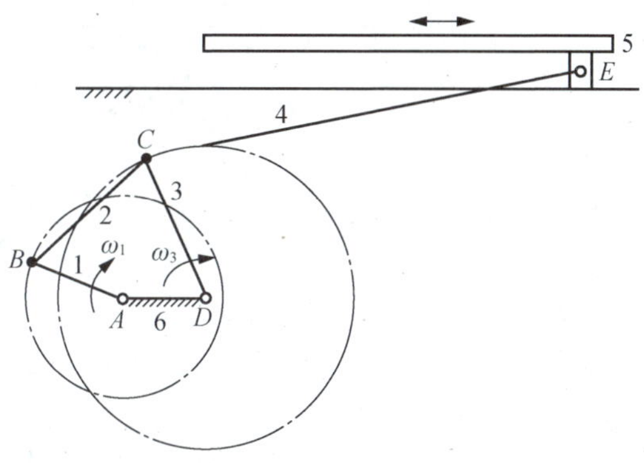

图3-6　惯性筛机构

双曲柄机构中，常见的还有平行四边形机构和逆平行四边形机构。

1. 平行四边形机构

平行四边形机构如图3-7所示，两曲柄长度相等，连杆与机架的长度也相等，且二者平行，机构呈平行四边形。

2. 逆平行四边形机构

逆平行四边形机构如图3-8所示，两曲柄长度相等，连杆与机架的长度也相等，但二者不平行，机构呈逆平行四边形。

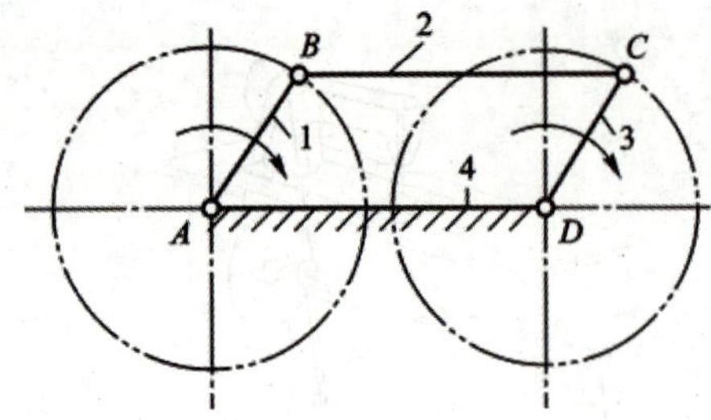

图3-7　平行四边形机构

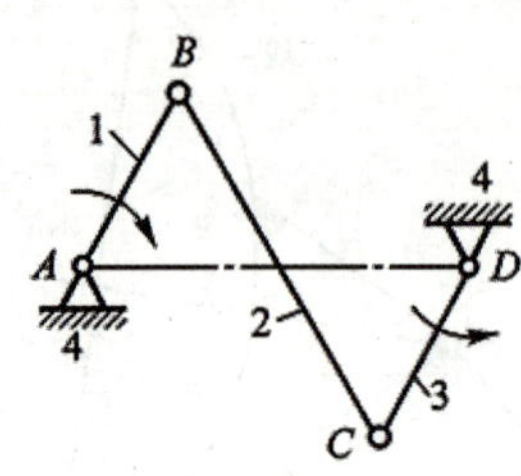

图3-8　逆平行四边形机构

3.2.3　双摇杆机构

铰链四杆机构中，若两连架杆均为摇杆，则此机构称为双摇杆机构。在如图3-9所示的铰链四杆机构中，若A、D为摆动副，因4为机架，即两连架杆1、3均为摇杆，则此铰链四杆机构称为双摇杆机构。图3-10为用于鹤式起重机变幅的双摇杆机构。当摇杆1摆动时，另一摇杆3随之摆动，选用合适的杆长参数，可使悬挂点E的轨迹近似为水平直线，以免被吊重物做不必要的上下运动而造成功耗。

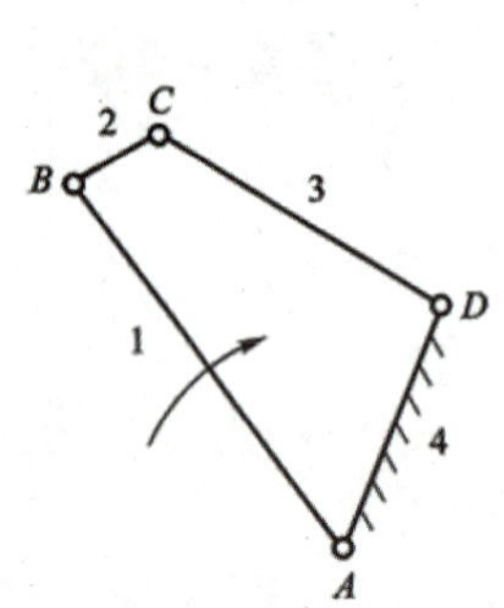

图3-9　双摇杆机构

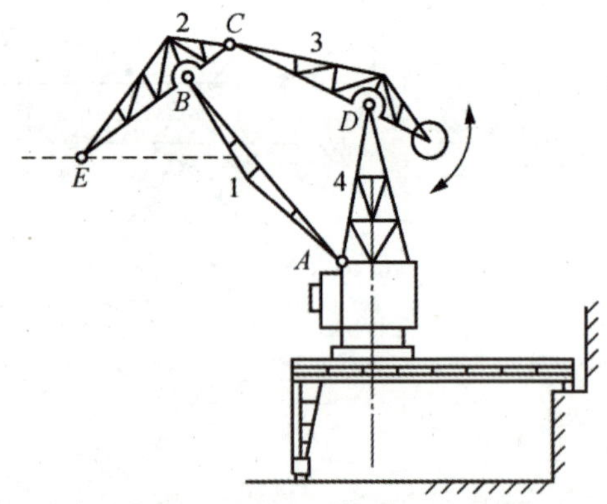

图3-10　鹤式起重机双摇杆机构

3.2.4　铰链四杆机构存在曲柄的条件

铰链四杆机构的三种基本形式的区别在于有无曲柄和有几个曲柄。而四个构件的相对长度对机构有无曲柄起着决定性作用。

铰链四杆机构中存在曲柄的条件如下：

(1)连架杆和机架中必有一杆是最短杆。

(2)最短杆与最长杆长度之和小于或等于其余两杆长度之和。

上述两个条件必须同时满足，否则机构不存在曲柄。

若满足最短杆与最长杆长度之和小于或等于其余两杆长度之和，可得到以下三种机构：

(1)连架杆是最短杆，此机构为曲柄摇杆机构。

(2)机架是最短杆，此机构为双曲柄机构。

(3)连杆是最短杆，此机构为双摇杆机构。

若满足最短杆与最长杆长度之和大于其余两杆长度之和，则此机构为双摇杆机构。

3.3 含有移动副的平面四杆机构

3.3.1 含有一个移动副的平面四杆机构

1. 曲柄滑块机构

在图3-11所示机构中，构件1为曲柄，滑块3相对于机架4做往复移动，该机构称为曲柄滑块机构。若点C运动轨迹的延长线与回转中心A之间存在偏距e，则称其为偏置曲柄滑块机构，如图3-11(a)所示；若点C运动轨迹的延长线通过曲柄转动中心A，则称其为对心曲柄滑块机构，如图3-11(b)所示。

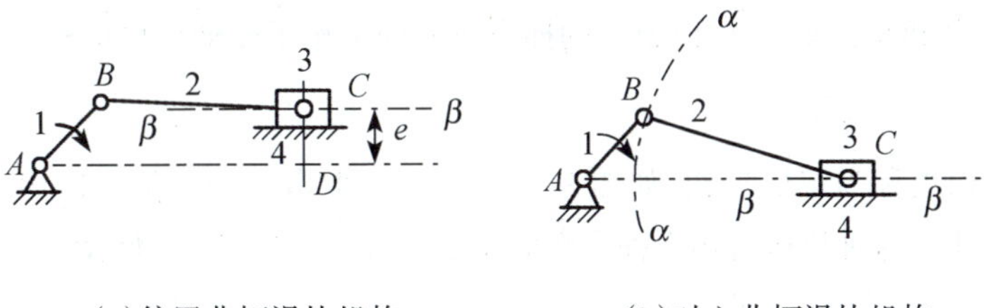

(a)偏置曲柄滑块机构　　(b)对心曲柄滑块机构

图3-11　曲柄滑块机构

2. 导杆机构

导杆机构可看成是改变曲柄滑块机构中的固定构件而演化来的。

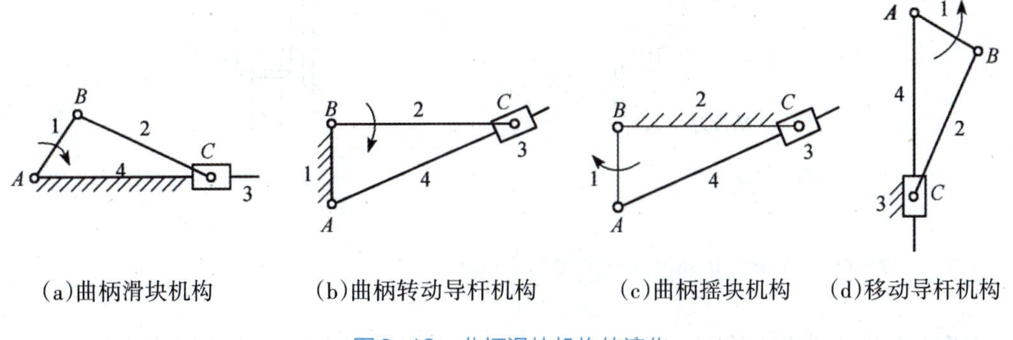

(a)曲柄滑块机构　　(b)曲柄转动导杆机构　　(c)曲柄摇块机构　　(d)移动导杆机构

图3-12　曲柄滑块机构的演化

图3-12(a)所示的曲柄滑块机构，若取杆1为固定构件，即可得如图3-12(b)所示的导杆机构。杆4称为导杆，滑块3相对导杆滑动并与导杆4一起绕点A转动，通常取杆2为原动件。当机架1的长度小于杆2的长度时，两连架杆2和4均可相对机架1整周回转，称为曲柄转动导杆机构

或转动导杆机构，如图3–13所示的小型刨床机构便采用了此机构；当机架1的长度大于杆2的长度时，连架杆4只能往复摆动，称为曲柄摆动导杆机构或摆动导杆机构。导杆机构常用于牛头刨床、插床和回转式油泵之中，如图3–14所示。

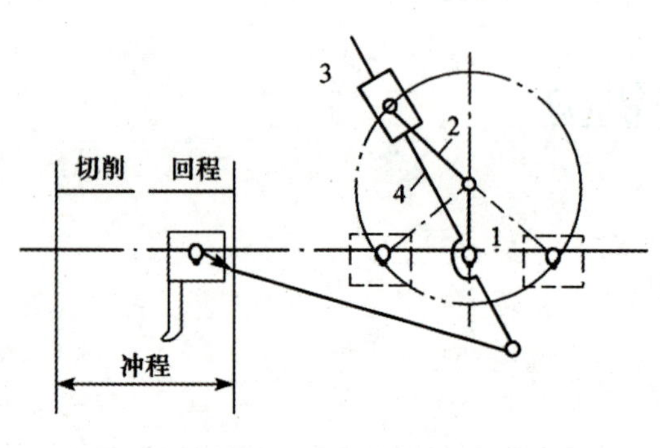

图3–13　小型刨床机构

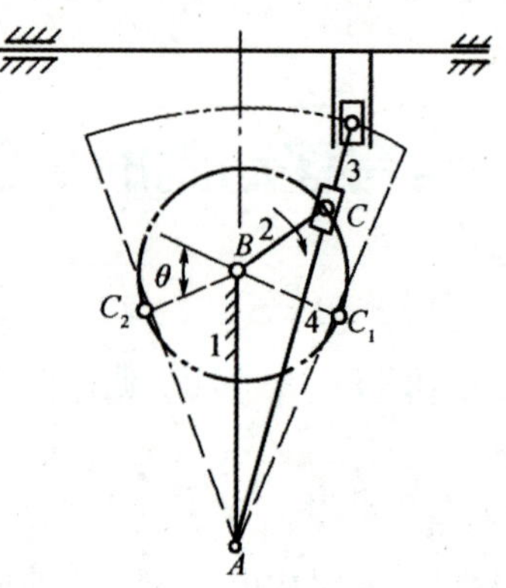

图3–14　牛头刨床机构

3. 曲柄摇块机构

在图3–12(a)曲柄滑块机构中，若取杆2为固定构件，即可得如图3–12(c)所示的摆动滑块机构，或称为曲柄摇块机构。如图3–15所示的插齿机构便采用了曲柄摇块机构。

4. 移动导杆机构

移动导杆机构也称为定块机构，如图3–12(d)所示，取滑块为机架，杆4相对滑块做往复移动，滑块3称为定块。这种机构常用于抽水唧筒和抽油泵中，如图3–16所示。

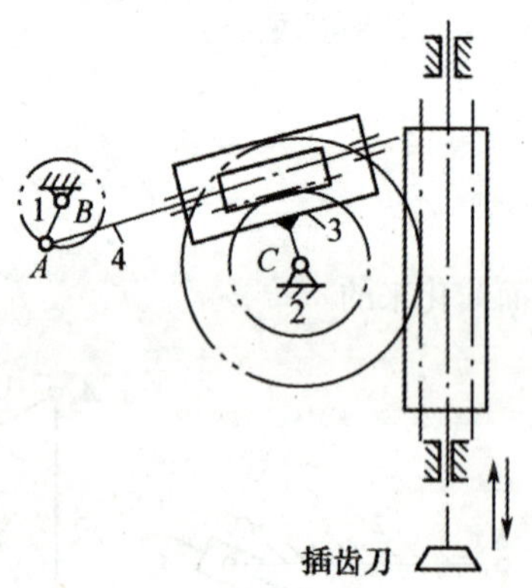

图3–15　插齿机构

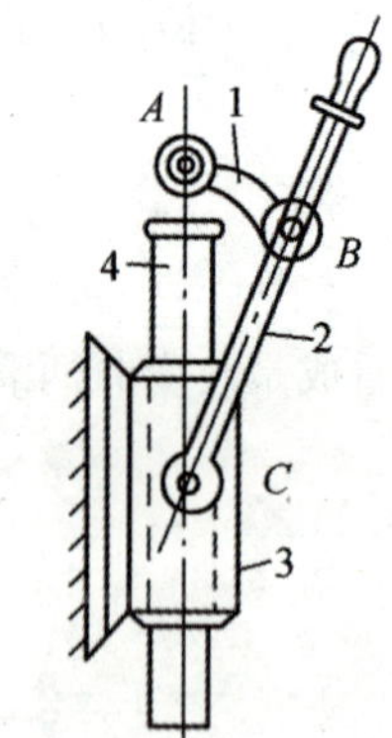

图3–16　抽水唧筒机构

3.3.2　含有两个移动副的平面四杆机构

含有两个移动副的平面四杆机构按照两个移动副所处位置不同，可分为四种形式。

1. 正切机构

正切机构如图3–17所示，两个移动副不相邻，从动件3的位移与主动件1的转角φ的正切成正比，故称为正切机构。

2. 正弦机构

正弦机构如图3-18所示，两个移动副相邻，且其中一个移动副与机架相关联，从动件3的位移与主动件1的转角φ的正弦成正比，故称为正弦机构。

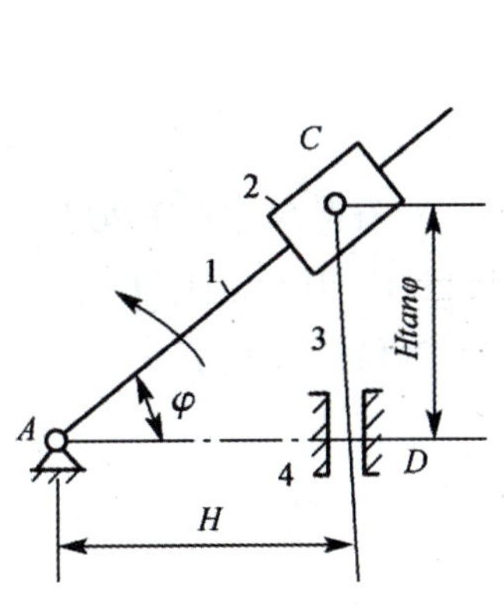

图3-17　正切机构

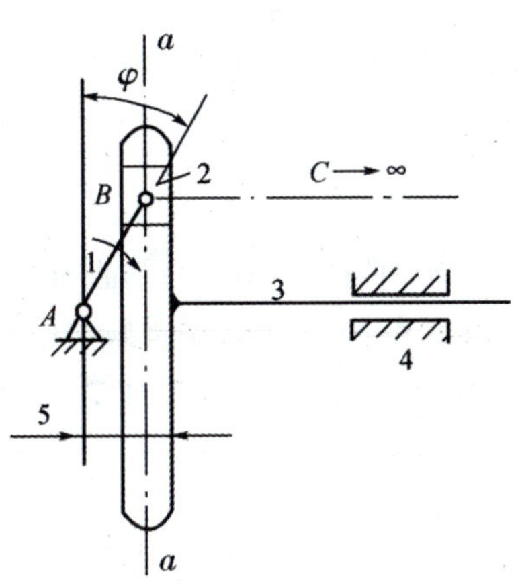

图3-18　正弦机构

3. 双转块机构

双转块机构如图3-19所示，两个移动副相邻，且均不与机架相关联，主动件1与从动件3具有相等的角速度。滑块联轴器就是这种机构的应用实例，它可用来连接中心线平行但不重合的两根轴。

4. 双滑块机构

双滑块机构如图3-20所示，两个移动副都与机架相关联，椭圆仪就用到了这种机构，当滑块沿机架的十字槽滑动时，连杆上的各点便描绘出长、短轴不同的椭圆。

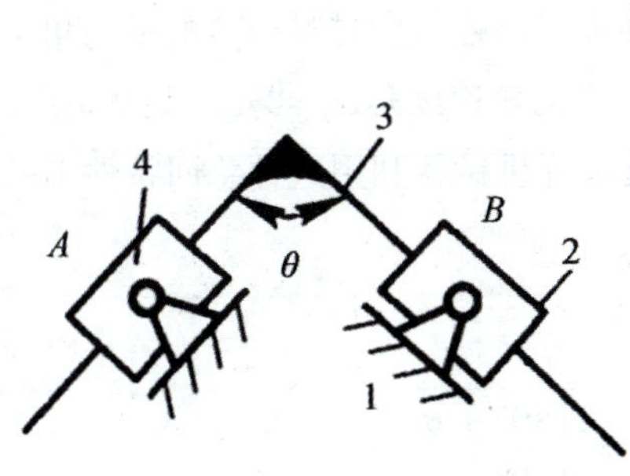

图3-19　双转块机构

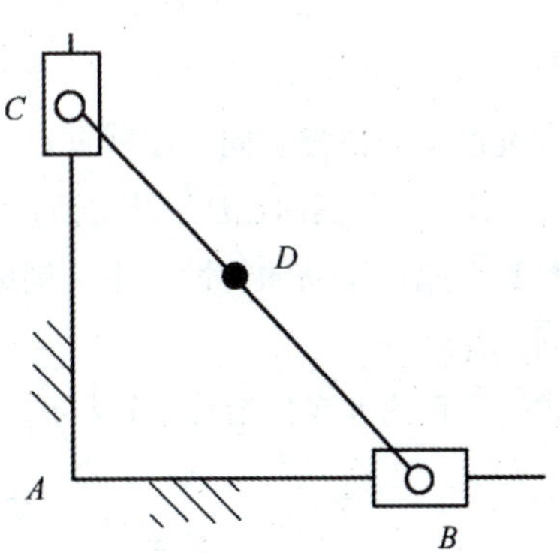

图3-20　双滑块机构

3.4 平面四杆机构的基本特性

平面四杆机构的基本特性包括运动特性和传力特性两个方面，这些特性不仅反映了机构传递和变换运动与力的性能，而且也是平面四杆机构类型选择和运动设计的主要依据。

3.4.1 急回特性

图3-21为一曲柄摇杆机构，其曲柄AB在转动一周的过程中，有两次与连杆BC共线。在这两个位置，铰链中心A与C之间的距离AC_1和AC_2分别为最短和最长，因而摇杆CD的位置C_1D和C_2D分别为其左、右极限位置。摇杆在两极限位置间的夹角Φ称为摇杆的摆角。

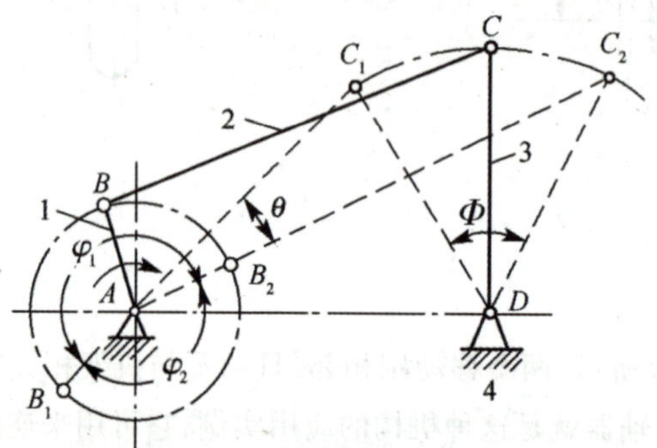

图3-21 曲柄摇杆机构的急回特性

当曲柄由位置AB_1沿顺时针方向转到位置AB_2时，曲柄转角$\varphi_1=180°+\theta$，其中$\theta=\angle C_1AC_2$，这时摇杆由左极限位置C_1D摆到右极限位置C_2D，摇杆摆角为Φ；当曲柄沿顺时针方向再转过角度$\varphi_2=180°-\theta$时，摇杆由位置C_2D摆回到位置C_1D，其摆角仍然是Φ。虽然摇杆来回摆动的摆角相同，但对应的曲柄转角不等（$\varphi_1>\varphi_2$），当曲柄匀速转动时，对应的时间也不等（$t_1>t_2$），从而反映了摇杆往复摆动的快慢不同。摇杆自C_1D摆至C_2D为其工作行程，这时摇杆CD的平均角速度是$\omega_1=\Phi/t_1$；摇杆自C_2D摆回C_1D是其空回行程，这时摇杆的平均角速度是$\omega_2=\Phi/t_2$。显然$\omega_1<\omega_2$，它表明摇杆具有急回运动的特性。牛头刨床、往复式输送机等机械就利用这种急回特性来缩短非生产时间，提高生产率。.

通常用行程速度变化系数K来表示这种特性，即

$$K=\frac{\omega_2}{\omega_1}=\frac{\Phi/t_2}{\Phi/t_1}=\frac{t_1}{t_2}=\frac{\varphi_1}{\varphi_2}=\frac{180°+\theta}{180°-\theta} \tag{3-1}$$

或

$$\theta=180°\frac{K-1}{K+1} \tag{3-2}$$

上面公式表明，θ与K之间存在一一对应关系。因此，机构的急回特性也可用θ来表征。由于$\theta=\angle C_1AC_2$，它与从动件极限位置对应的曲柄位置有关，故称θ为极位夹角。显然，θ越大，K越

大，急回运动的性质也越显著。

3.4.2 压力角和传动角

在生产中，不仅要求连杆机构能实现预定的运动规律，而且希望其运转轻便、效率较高。如图3-22所示的曲柄摇杆机构，若不计各杆质量和运动副中的摩擦，则连杆BC为二力杆，它作用于从动摇杆CD上的力F是沿BC方向的。作用在从动件上的驱动力F与该力作用点绝对速度v_C之间所夹的锐角α称为压力角。由图可见，力F在v_C方向的有效分力为$F_t=F\cos\alpha$，即压力角越小，有效分力就越大。也就是说，压力角可作为判断机构传动性能的标志。在连杆机构设计中，为了度量方便，习惯用压力角α的余角γ（即连杆和从动摇杆之间所夹的锐角）来判断传力性能，γ称为传动角。因$\gamma=90°-\alpha$，所以α越小，γ越大，机构传力性能越好；反之，α越大，γ越小，机构传力越费劲，传动效率越低。

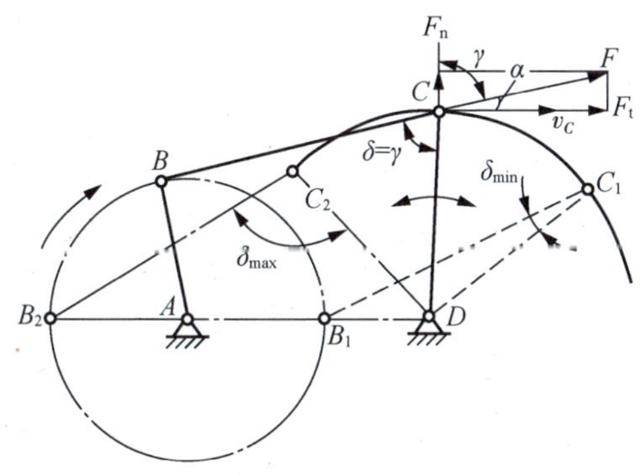

图3-22 曲柄摇杆机构压力角和传动角

由于机构运行时，α、γ随从动件的位置不同而变化，为保证机构有良好的传力性能，要限制工作行程的最大压力角α_{max}或最小传动角γ_{min}：对于一般的机械，$\alpha_{max}\leqslant 50°$或$\gamma_{min}\geqslant 40°$；对于大功率机械，$\alpha_{max}\leqslant 40°$或$\gamma_{min}\geqslant 50°$。为此，在设计机构时，应保证$\gamma_{min}\geqslant[\gamma]$，确定机构在何时何位置取得$\gamma_{min}$就成了关键。

3.4.3 死点

如图3-23所示的曲柄摇杆机构中，当摇杆CD为主动件、曲柄AB为从动件，且摇杆处在两个极限位置时，连杆BC与曲柄AB共线。若不计各构件质量，则这时连杆BC加给曲柄AB的力将通过铰链中心A，连杆BC无论给从动件曲柄AB的力多大，都不能推动曲柄运动，机构所处的这种位置称为死点位置。机构处于死点位置时，从动件会出现卡死（机构自锁）或运动方向不确定的现象。对于传动机构来说，有死点是不利的，应该采取措施使机构能顺利通过死点位置。对于连续运转的机器，可以利用从动件的惯性来通过死点位置，如缝纫机就是借助带轮的惯性通过死点位置的。

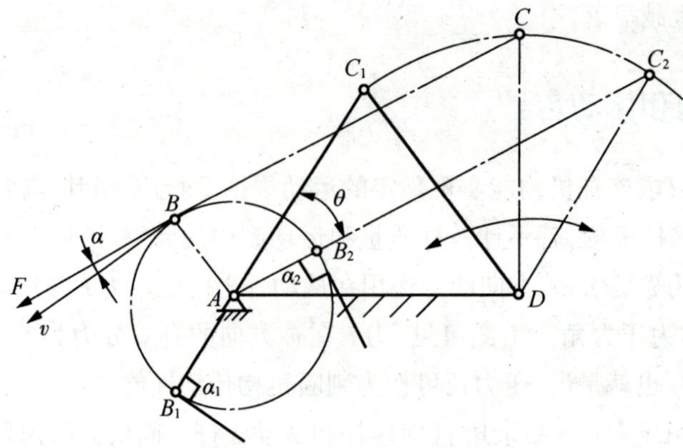

图3-23 曲柄摇杆机构死点

第4章

凸轮机构

4.1 凸轮机构的应用和类型

凸轮机构是由凸轮、从动件和机架三个基本构件组成的高副机构，如图4-1所示。凸轮是一个具有曲线轮廓或凹槽的构件，一般为主动件，做等速回转运动或往复直线运动。与凸轮轮廓接触，并传递动力和实现预定的运动规律的构件，称为从动件，一般做往复直线运动或摆动。凸轮机构在应用中的基本特点是能使从动件获得较复杂的运动规律。因为从动件的运动规律取决于凸轮的轮廓曲线，所以在应用时，只要根据从动件的运动规律来设计凸轮的轮廓曲线就可以了。

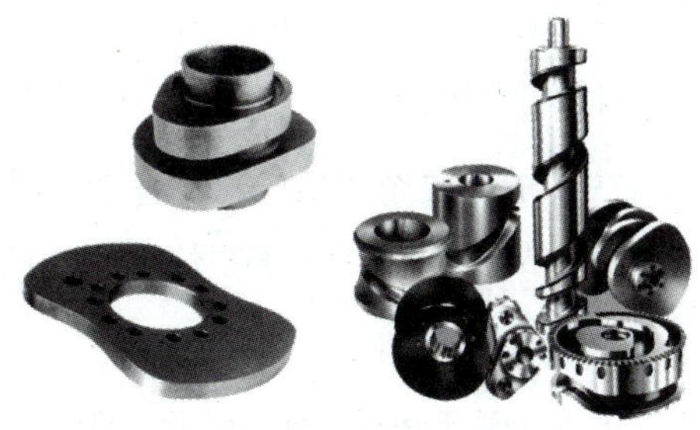

图4-1　凸轮机构

4.1.1 按凸轮的形状分类

1. 盘形凸轮

盘形凸轮是凸轮的最基本形式，它是一个绕固定轴线转动并且具有变化半径的盘形零件。如图4-2所示为内燃机配气凸轮机构。当主动件盘形凸轮1以等角速度回转时，通过其向径的变化可使从动件2(阀杆)按内燃机工作循环的要求上下往复移动，从而达到控制阀门开闭的目的。

2. 移动凸轮

当盘形凸轮的回转中心趋于无穷远时，凸轮相对机架做直线运动，这种凸轮称为移动凸轮。如图4-3所示为靠模车削机构，工件1回转，凸轮3作为靠模被固定在机床身上，刀架2在靠模板(凸轮)曲线轮廓的推动下做横向移动，从而切削出与靠模板曲线一致的工件。

3. 圆柱凸轮

将移动凸轮卷成圆柱体即成为圆柱凸轮，如图4-4所示为自动机床上控制刀架运动的凸轮

机构。当带凹槽的圆柱凸轮1匀速回转时，凸轮凹槽中的滚子带动从动件2做往复移动，以驱动刀架运动。凹槽的形状将决定刀架的运动规律。

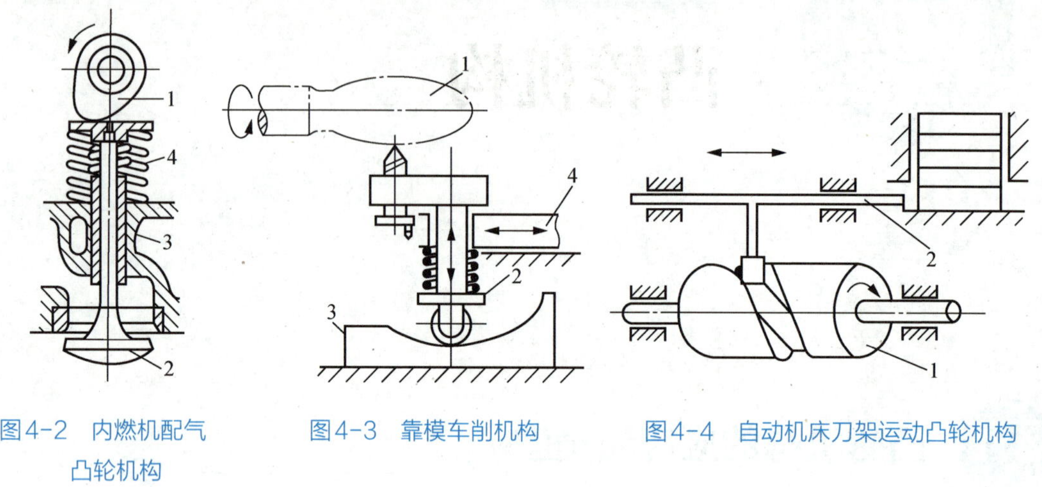

图4-2　内燃机配气凸轮机构　　图4-3　靠模车削机构　　图4-4　自动机床刀架运动凸轮机构

4.1.2 按从动件的形状分类

1. 尖顶从动件

尖顶能与复杂的凸轮轮廓保持接触，因而能实现任意预期的运动规律，如图4-5(a)所示。但尖顶与凸轮是点接触，磨损快，只宜用于受力不大的低速凸轮机构。

2. 滚子从动件

为了克服尖顶从动件的缺点，在从动件的尖顶处安装一个滚子，即成为滚子从动件，如图4-5(b)所示。滚子和凸轮轮廓之间为滚动摩擦，耐磨损，可承受较大载荷，所以是从动件中最常用的一种形式。

3. 平底从动件

平底从动件与凸轮轮廓表面接触的端面为一平面。显然，它不能与凹陷的凸轮轮廓接触，如图4-5(c)所示。平底从动件的优点是：当不考虑摩擦时，凸轮与从动件之间的作用力始终与从动件的平底垂直，传动效率较高，且接触面间易形成油膜，利于润滑，故常用于高速凸轮机构。

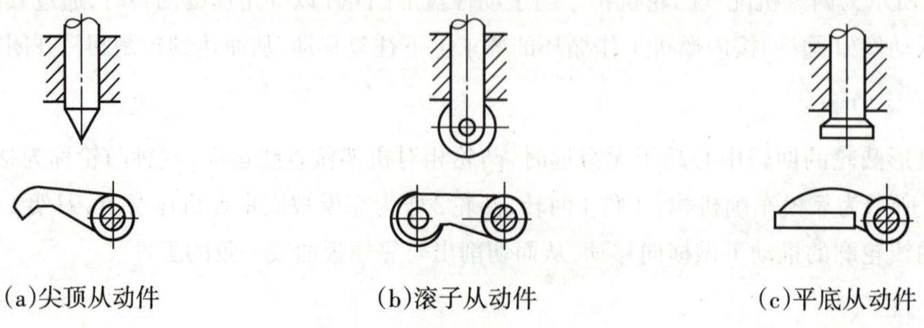

(a)尖顶从动件　　(b)滚子从动件　　(c)平底从动件

图4-5　凸轮机构的从动件形式

4.2 凸轮机构从动件的常用运动规律

设计凸轮机构时，首先应根据工作要求确定从动件的运动规律，然后按照这一运动规律设计凸轮轮廓线。下面以偏置尖顶直动从动件盘形凸轮机构为例，说明从动件的运动规律与凸轮轮廓线之间的相互关系。

如图4-6(a)所示，以凸轮轮廓的最小向径r_0为半径所绘的圆称为基圆。当尖顶与凸轮轮廓上的点A(基圆与轮廓AB的连接点)相接触时，从动件处于上升的起始位置。当凸轮以ω等角速度沿逆时针方向回转角度Φ时，从动件尖顶被凸轮轮廓推动，以一定的运动规律由离回转中心最近位置A到达最远位置B'，这个过程称为推程。这时从动件尖顶所走过的距离h称为从动件的升程，而与推程对应的凸轮转角Φ称为推程运动角。当凸轮继续回转角度Φ_s时，以点O为中心的圆弧BC与尖顶作用，从动件在最远位置停留不动，与此过程对应的凸轮转角为Φ_2，称为远休止角。当凸轮继续回转角度Φ'时，从动件在弹簧力或重力作用下，以一定运动规律回到位置D，这个过程称为回程，Φ'称为回程运动角。当凸轮继续回转角度Φ'_s时，以点O为中心的圆弧DA与尖顶作用，从动件在最近位置停留不动，Φ'_s称为近休止角。当凸轮连续回转时，从动件重复上述运动。从动件的位移线图如图4-6(b)所示。

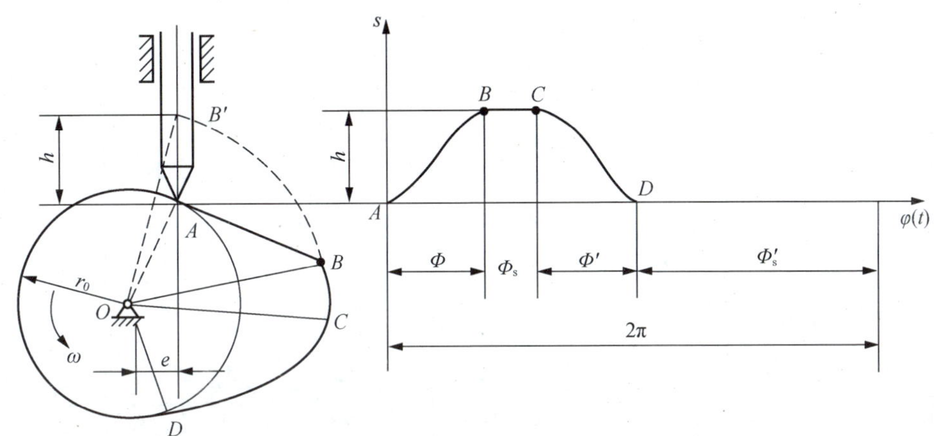

(a)偏置尖顶直动从动件盘形凸轮机构　　(b)从动件位移线图

图4-6　凸轮轮廓与从动件位移线图

4.2.1　等速运动规律

如图4-7所示，当从动件推程做等速运动时，其位移线图为一斜直线，速度线图为一水平直线。当运动开始时，从动件速度由0突变为v_0，理论上该处加速度a趋近$+\infty$；当运动终止时，从动件速度由v_0突变为0，加速度a趋近$-\infty$(材料有弹性变形，实际上不可能达到无穷大)。由此产生的巨大惯性力导致强烈冲击，这种强烈冲击称为刚性冲击，会造成严重危害。因此，等速运动规律不宜单独使用，运动开始和终止段必须加以修正。

4.2.2　等加速等减速运动规律

从动件在推程过程中，前半程做等加速运动，后半程做等减速运动，这种运动规律称为等加速等减速运动规律，通常加速度和减速度的绝对值相等，其运动规律如图4-8所示。同理，从动件在回程过程中，前半程做等减速运动，后半程做等加速运动，这种运动规律称为等减速等加速运动规律。由图4-8可知，当采用等加速等减速运动规律时，在起点、中点和终点时，加速度有突变，因而从动件的惯性力也将有突变，不过这一突变为有限值，所以凸轮机构在这三个时间点引起的冲击称为柔性冲击。与等速运动规律相比，其冲击程度大为减小。因此，等加速等减速运动规律适用于中速场合。

4.2.3　正弦加速度运动规律

如图4-9所示，从动件按正弦加速度运动规律运动时，其位移为摆线在纵轴上的投影，故正弦加速度运动规律又称摆线运动规律。这种运动规律既无速度突变，也无加速度突变，没有任何冲击，故可用于高速凸轮。它的缺点是加速度最大值a_{max}较大，惯性力较大，要求从动件有较高的加工精度。

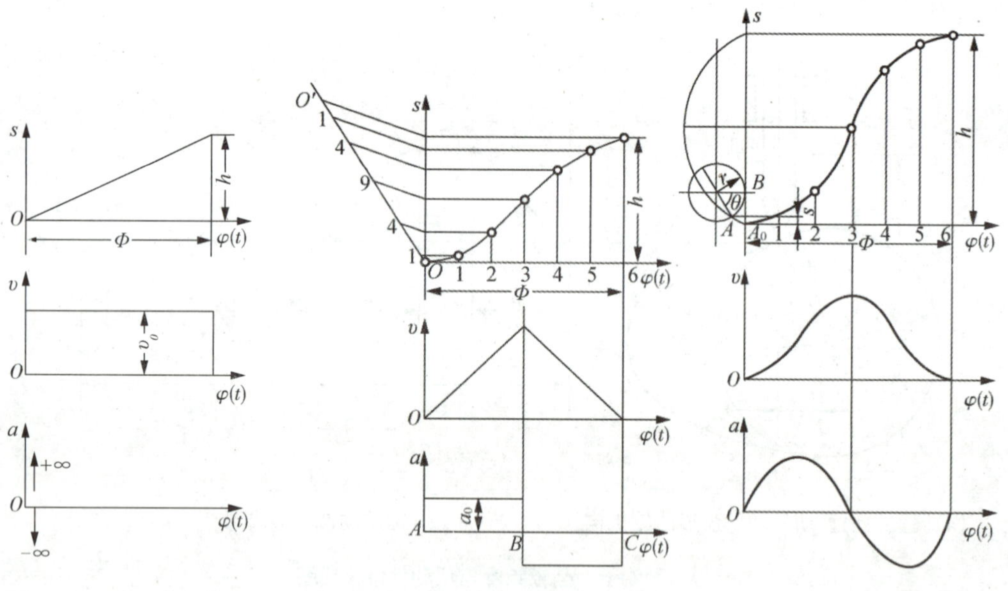

图4-7　等速运动规律　　图4-8　等加速等减速运动规律　　图4-9　正弦加速度运动规律

4.3 图解法绘制凸轮轮廓

在直动从动件盘形凸轮机构中，从动件导路中心线与凸轮轴心存在中心距e时，称为偏置尖顶直动从动件盘形凸轮机构，如图4-10所示；否则，称为对心尖顶直动从动件盘形凸轮机构。

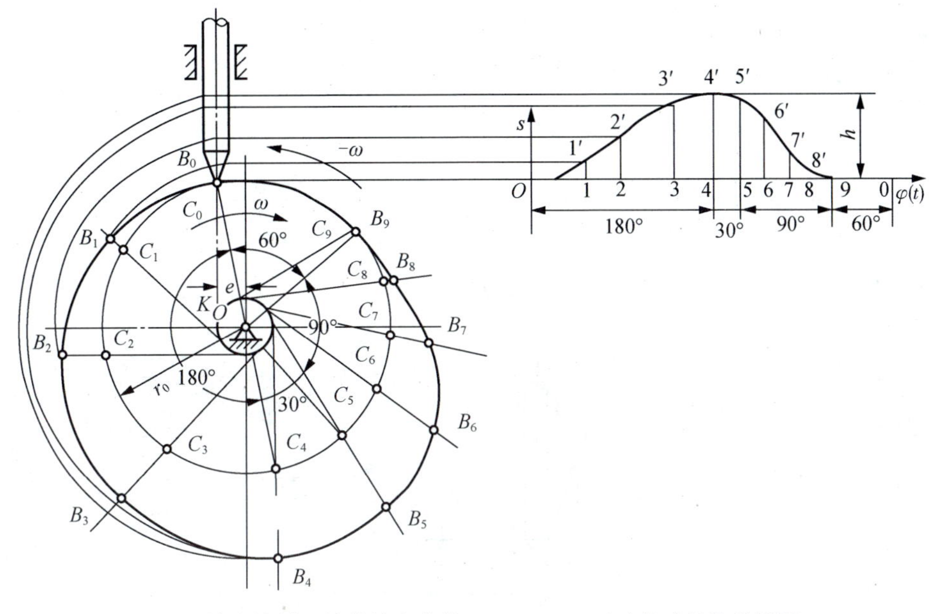

(a)反转法绘制凸轮外轮廓曲线　　(b)从动件位移线图

图4-10　偏置尖顶直动从动件盘形凸轮轮廓的绘制

凸轮机构工作时,凸轮是运动的,而绘制凸轮轮廓时需要凸轮与图纸相对静止。为此,在设计中采用“反转法”。根据相对运动原理,如果给整个机构加上绕凸轮轴心 O 的公共角速度 $-\omega$,那么机构各构件间的相对运动不变。这样一来,凸轮不动,而从动件一方面随机架和导路以角速度 $-\omega$ 绕点 O 转动,另一方面又在导路中往复移动。由于尖顶始终与凸轮轮廓接触,所以反转后尖顶的运动轨迹就是凸轮轮廓。作图方法如下:

(1)以 r_0 为半径作基圆,以 e 为半径作偏距圆,与从动件导路切于点 K。基圆与导路的交点 B_0C_0 为从动件的起始位置。

(2)将 s-φ 位移线图的推程运动角和回程运动角分别分成若干等份(图中各分为四等份)。

(3)在基圆上,自 OC_0 开始,沿 ω 的反方向取推程运动角 $\Phi=180°$、远休止角 $\Phi_s=30°$、回程运动角 $\Phi'=90°$、近休止角 $\Phi_s'=60°$,并将推程运动角和回程运动角分成对应的等份,得点 C_1、C_2……

(4)过点 C_1、C_2……作偏距圆的一系列切线,它们便是反转后从动件导路的一系列位置。

(5)沿以上各切线自基圆开始量取从动件相应的位移量,即取线段 $C_1B_1=11'$、$C_2B_2=22'$、$C_3B_3=33'$……得反转后尖顶的一系列位置 B_1、B_2……

(6)将点 B_1、B_2……连接成光滑曲线,便得到所求的凸轮轮廓曲线。

若偏距 $e=0$,则机构成为对心尖顶直动从动件盘形凸轮机构。这时,从动件在反转运动中,其导路为过轴心 O 的径向射线,其设计方法与上述相同。

4.4 凸轮设计的基本参数确定

4.4.1 凸轮机构的压力角

图4-11为尖顶直动从动件凸轮机构的压力角。

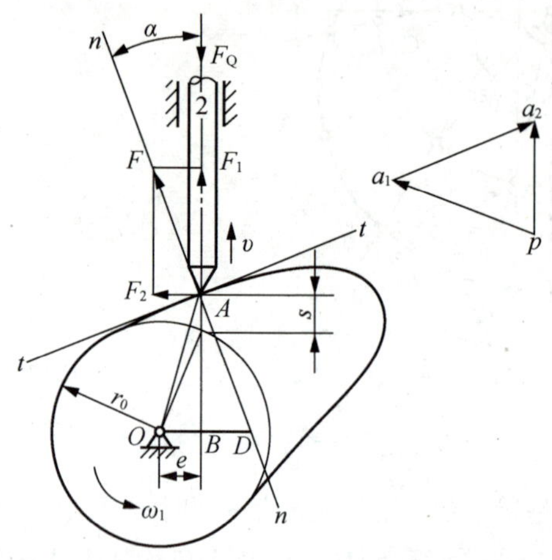

图4-11 尖顶直动从动件凸轮机构的压力角

凸轮给予从动件的力F沿法线方向，从动件运动方向与力F之间的锐角α为压力角。力F可分解为沿从动件运动方向的有用分力F_1和使从动件紧压导路的有害分力F_2，且

$$F_2 = F_1 \tan\alpha \tag{4-1}$$

上式表明，当驱动从动件的有用分力F_1一定时，压力角α越大，有害分力F_2越大，机构的效率越低。当α增大到一定程度，以致F_2在导路中引起的摩擦阻力大于有用分力F_1时，无论凸轮加给从动件的作用力多大，从动件都不能运动，这种现象称为自锁。

为了保证凸轮机构正常工作并具有一定的传动效率，必须对压力角加以限制。凸轮轮廓上各点的压力角一般都是变化的，在设计时应使最大压力角不超过许用值。通常，对于直动从动件凸轮机构，建议取许用压力角$[\alpha]=30°$；对于摆动从动件凸轮机构，建议取许用压力角$[\alpha]=45°$。常见的依靠外力使从动件与凸轮维持接触的凸轮机构，其从动件是在弹簧或重力作用下返回的，回程不会出现自锁。因此，对于这类凸轮机构，通常只需校核推程压力角。

4.4.2 基圆的选择

从传动效率来看，压力角越小越好，但压力角减小将导致凸轮尺寸增大。由图4-11得压力角的计算公式为

$$\alpha = \arctan \frac{\frac{ds}{d\varphi} \mp e}{s + \sqrt{r_0^2 - e^2}} \tag{4-2}$$

式中,"-"表示导路在凸轮轴的右侧;"+"表示导路在凸轮轴的左侧。

上式说明,在其他条件不变的情况下,基圆半径r_0越小,压力角α越大。基圆半径r_0过小,压力角α就会超过许用值。因此,实际设计中,应在保证凸轮轮廓的最大压力角不超过许用值的前提下,考虑缩小凸轮的尺寸。

4.4.3 滚子半径的确定

滚子从动件凸轮的实际轮廓曲线,是以理论轮廓上各点为圆心作一系列滚子圆的包络线形成的,滚子选择不当,则无法满足运动规律,如图4-12所示。

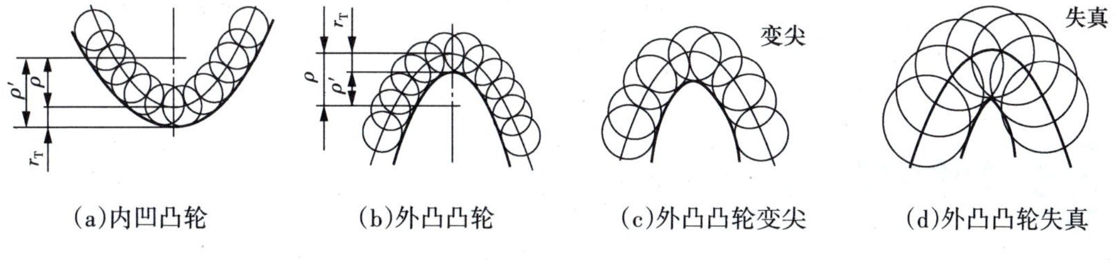

(a)内凹凸轮　(b)外凸凸轮　(c)外凸凸轮变尖　(d)外凸凸轮失真

图4-12　滚子半径

(1)内凹凸轮轮廓曲线如图4-12(a)所示,若ρ为理论轮廓曲率半径,ρ'为实际轮廓曲率半径,r_T为滚子半径,则$\rho'=\rho+r_T$。无论滚子半径大小如何,都能作出实际轮廓曲线。

(2)外凸凸轮轮廓曲线如图4-12(b)(c)(d)所示,由于$\rho'=\rho-r_T$,所以有:①若$\rho>r_T$时,则$\rho'>0$,实际轮廓为平滑曲线;②若$\rho=r_T$,则$\rho'=0$,实际轮廓出现尖点,易磨损;③若$\rho<r_T$,则$\rho'<0$,实际轮廓出现交叉,加工时,交叉部分被切除,出现运动失真。综上所述,为使凸轮机构正常工作,应保证理论轮廓的最小曲率半径大于滚子半径,即$\rho_{min}-r_T>0$。

第5章

螺旋运动

利用带有螺纹的零件构成的可拆连接，称为螺纹连接。因其结构简单、装拆方便、形式多样、连接可靠、互换性好等优点，在机械及各种工程结构中应用十分广泛。各种螺纹及其连接件大多均已形成系列并制定了国家标准，而且由专门的标准件厂商生产制造，供用户选用。

5.1 螺纹的形成与分类

5.1.1 螺纹的形成

如图5-1所示，将一直角三角形ABC绕在直径为d_2的圆柱体表面，使三角形底边AB与圆柱体底边重合，则三角形的斜边AC在圆柱体表面形成一条螺旋线AM_1C_1。

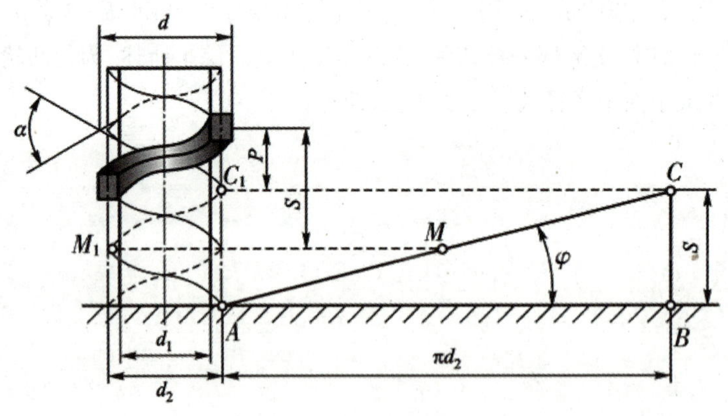

图5-1 螺纹的形成

5.1.2 螺纹的分类

1. 根据螺纹轴向剖面分类

如图5-2所示，根据螺纹轴向剖面的形状，常用的螺纹牙型有三角形、矩形、梯形和锯齿形

等。三角形螺纹多用于连接,其他螺纹多用于传动。

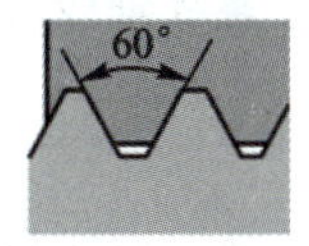

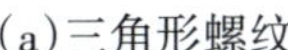
(a)三角形螺纹

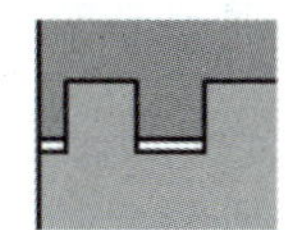
(b)矩形螺纹

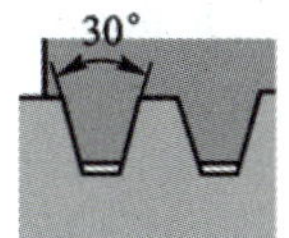

(c)梯形螺纹

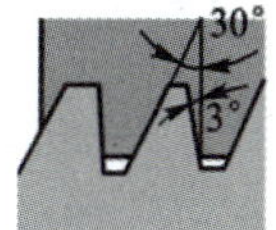

(d)锯齿形螺纹

图5-2 螺纹牙型

2. 根据螺旋线绕行的方向分类

根据螺旋线绕行的方向,螺纹可分为右旋螺纹和左旋螺纹,如图5-3所示。机械中一般常用右旋螺纹,有特殊需要时才采用左旋螺纹。

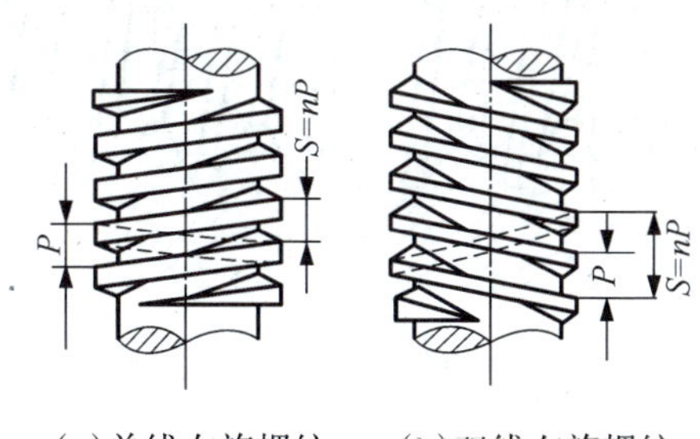

(a)单线右旋螺纹 (b)双线左旋螺纹

图5-3 螺纹旋线

3. 根据螺纹的线数分类

根据螺纹的线数(头数),螺纹可分为如图5-3(a)所示的单线螺纹,如图5-3(b)所示的双线螺纹。双线螺纹有两条螺旋线,线头相隔180°。

5.1.3 螺纹的基本参数

圆柱螺纹的基本参数如图5-4所示。

(1)大径d (D)。大径是指与外螺纹牙顶或内螺纹牙底重合的假想圆柱面直径,在标准中定为公称直径。

(2)小径d_1 (D_1)。小径是指与外螺纹牙底或内螺纹牙顶重合的假想圆柱面直径。

(3)中径d_2 (D_2)。中径是指处于螺纹大径和小径之间的假想圆柱面直径,该圆柱面母线上牙型的沟槽和凸起宽度相等。

(4)螺距P。螺距是指螺纹相邻两牙在中径上对应两点间的轴向距离。

(5)线数n。线数是指螺纹的螺旋线数目。连接用螺纹要求有自锁性,故多用单线螺纹。

(6)导程S。导程是指螺纹上任一点沿同一条螺旋线转一周所移动的轴向距离,$S=nP$。

(7)旋向。螺纹有右旋和左旋之分。顺时针旋转时旋入的螺纹,称为右旋螺纹;逆时针旋转时旋入的螺纹,称为左旋螺纹。工程上常用右旋螺纹。

(8)牙型角α。牙型角是指螺纹轴向剖面内螺纹牙型两侧边的夹角。

(9)牙型斜角β。牙型斜角是指螺纹轴向剖面内螺纹牙型的侧边与螺纹轴线的垂线间的夹角。对三角形、梯形等对称牙型来说,$\beta=\alpha/2$。

(10)工作高度h。工作高度是指内、外螺纹的径向接触高度。

(11)螺纹升角λ。螺纹升角是指在中径圆柱面上,螺旋线的切线与垂直于螺纹轴线的平面间的夹角。

$$\tan\lambda = \frac{S}{\pi d_2} = \frac{nP}{\pi d_2} \tag{5-1}$$

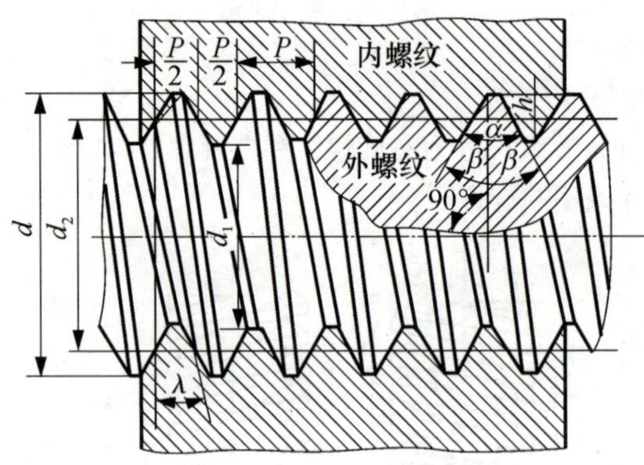

图5-4　圆柱螺纹的基本参数

5.2 螺纹连接的基本类型

5.2.1　螺纹连接的基本类型

螺纹连接的基本类型有螺栓连接、双头螺柱连接、螺钉连接和紧定螺钉连接等。

1. 螺栓连接

螺栓连接是将螺栓穿过被连接件上的光孔并用螺母拧紧使被连接件固连成一体的一种连接形式。螺栓连接有普通螺栓连接和铰制孔螺栓连接两种,如图5-5所示。

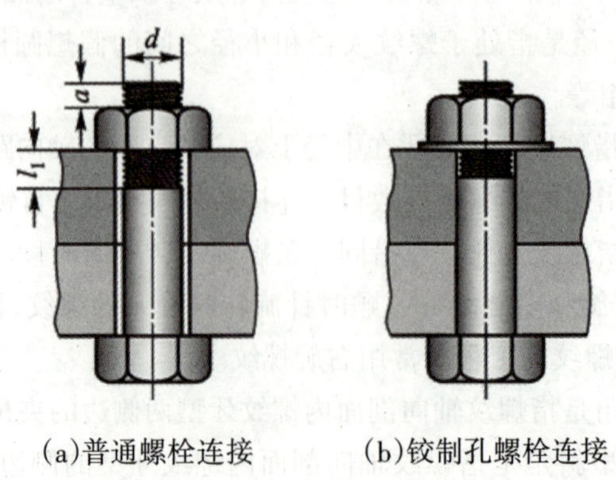

(a)普通螺栓连接　(b)铰制孔螺栓连接

图5-5　螺栓连接

普通螺栓连接的被连接件不切制螺纹，使用不受被连接件材料的限制，适用于通孔，且能从被连接件的两面进行装配，构造简单、装拆方便、成本低、应用广泛。

铰制孔螺栓连接的螺杆外径与螺栓孔内径具有同一基本尺寸，并常采用过渡配合。它适用于承受垂直于螺栓轴线的横向载荷。

2. 双头螺柱连接

双头螺柱连接是指螺柱一端的螺纹旋入被连接件之一的螺纹孔内，另一端的螺纹与螺母旋合。适用于被连接件之一较厚或必须采用盲孔，且经常拆卸的场合，拆卸时只需拧下螺母即可，如图5-6所示。

3. 螺钉连接

螺钉连接不用螺母，适用于被连接件之一较厚或必须采用盲孔，且不需经常拆卸的场合，如图5-7所示。

4. 紧定螺钉连接

紧定螺钉连接适用于固定两个零件间的位置，并可传递不大的力或转矩，如图5-8所示。

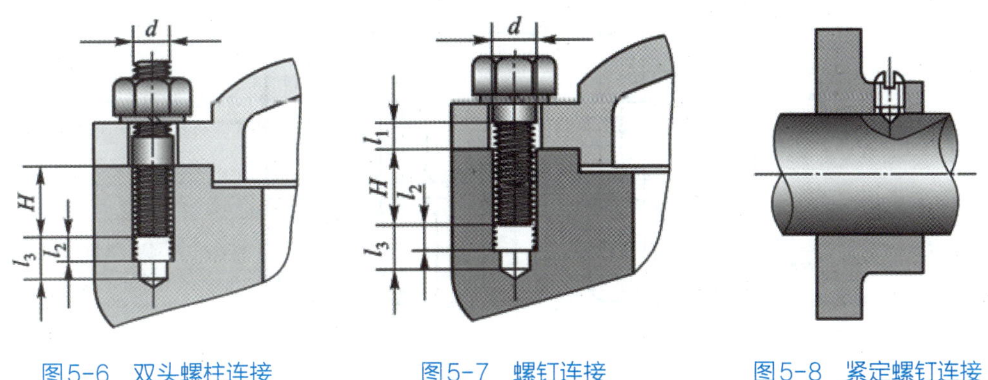

图5-6　双头螺柱连接　　图5-7　螺钉连接　　图5-8　紧定螺钉连接

5.2.2　螺纹连接件

螺纹连接件的类型有很多，大多已标准化。设计时可根据有关标准选用。

1. 螺栓

螺栓的头部形状有很多，如图5-9所示，常见的有六角头和小六角头两种，应用最广泛的是六角头螺栓。螺栓杆部制有全螺纹和半螺纹，螺纹精度分为A、B、C三级，通常多用C级。六角头螺栓中还有一种是铰制孔用螺栓（GB/T 27—2013）。

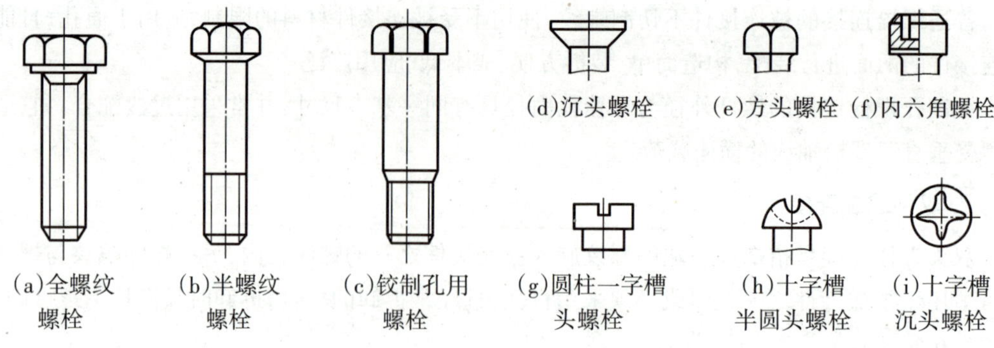

图5-9　螺栓

2. 双头螺柱

双头螺柱如图5-10所示，其旋入被连接件螺纹孔的一端为座端，另一端为螺母端。

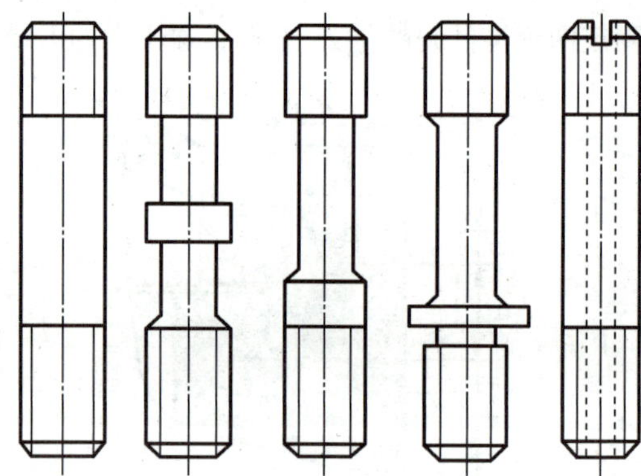

图5-10　双头螺柱

3. 螺母

螺母的形状有六角形、圆形和方形，如图5-11所示。六角螺母应用最广泛，按其厚薄又分为：标准六角螺母，用于一般场合；扁螺母，用于轴向尺寸受限制的场合；厚螺母，用于经常拆装、易于磨损处；圆螺母，用于轴上零件的轴向固定。

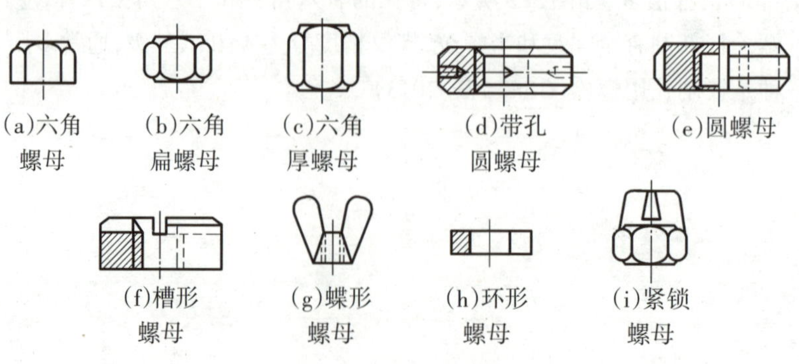

图5-11　螺母

4. 螺钉、紧定螺钉

螺钉、紧定螺钉的头部有内六角头、十字槽头等多种形式，以适应不同的拧紧程度。紧定螺钉末端要顶住被连接件之一的表面或相应的凹坑，其末端有平端、锥端、圆尖端等各种形状，如图5-12所示。

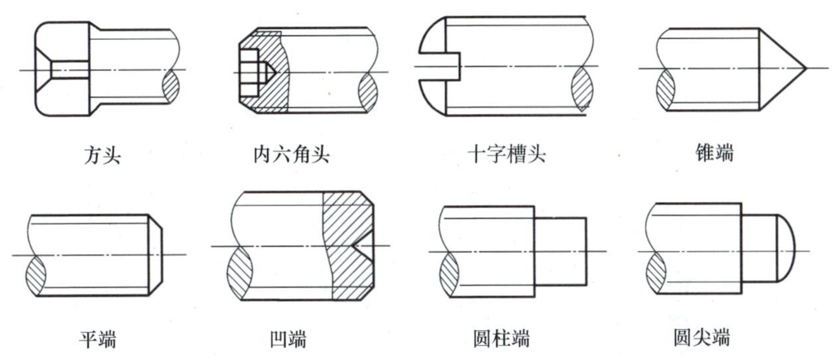

图5-12　紧定螺钉结构形式

5. 垫圈

垫圈的作用是增加被连接件的支承面积以减小接触处的挤压应力（尤其当被连接件材料强度较差时）和避免拧紧螺母时擦伤被连接件的表面。常用的平垫圈呈环状，弹簧垫圈还兼有防松的作用，当螺栓轴线与被连接件的接触面不垂直时需要用斜垫圈，以防螺栓承受附加弯矩，如图5-13所示。

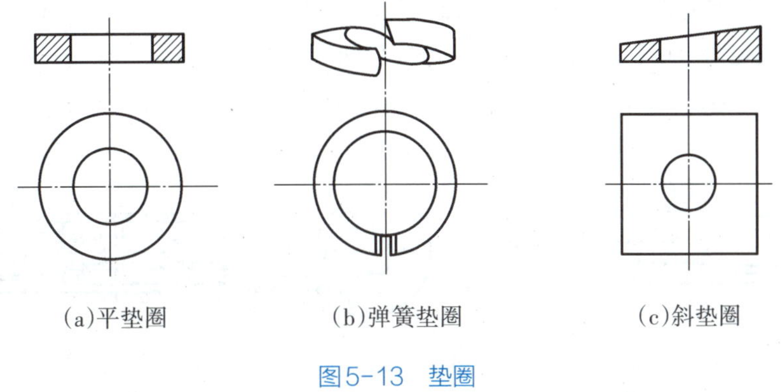

图5-13　垫圈

5.3 螺纹连接的预紧和防松

5.3.1　螺纹连接的预紧

螺纹连接按螺纹装配时是否拧紧，分为松连接和紧连接。除个别情况外，螺纹连接在装配时都必须拧紧。这时螺纹连接预先受到力的作用，这个预先加的作用力称为预紧力。对于重要的螺纹连接,应控制其预紧力,因为预紧力的大小对螺纹连接的可靠性、强度和密封性均有很大的影响。其目的在于增加连接的刚性、紧密性,提高防松能力及防止被连接件间出现相对滑动。

螺栓拧紧需要的预紧力的大小应根据载荷性质、连接刚度等具体工作条件来确定。拧紧力矩如图5-14所示,为使螺纹连接获得一定程度的预紧,所施加力矩 T 与螺栓轴向预紧力 F' 的关系为

$$T = KF'd \tag{5-2}$$

式中,K 为预紧力系数,一般计算中可取 $K \approx 0.2$;d 为螺纹大径,mm。

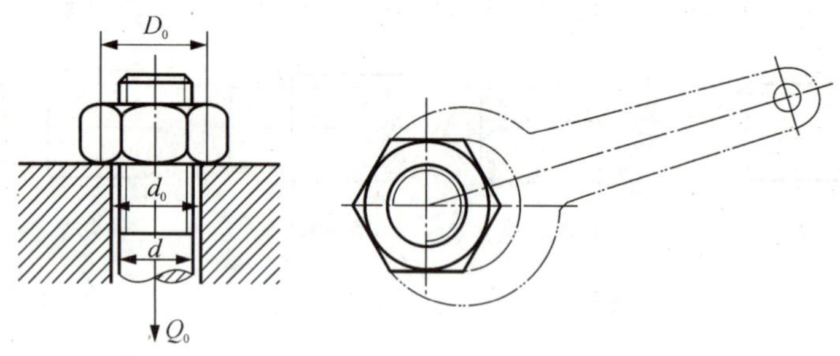

图5-14 拧紧力矩

为了充分发挥螺栓的工作能力和保证预紧可靠,螺栓的预紧应力一般可达材料屈服极限的50%~70%。小直径的螺栓装配时应施加小的拧紧力矩,否则就容易将螺栓杆拉断。对重要的有强度要求的螺栓连接,若无控制拧紧力矩的措施,则不宜采用小于M12的螺栓。通常螺纹连接拧紧的程度是凭工人经验来决定的。为了能保证质量,重要的螺纹连接应按计算值控制拧紧力矩,用测力矩扳手或定力矩扳手来获得所要求的拧紧力矩,如图5-15所示。对于一些更为重要的或大型的螺栓连接,可用控制螺栓在拧紧前后发生的伸长变形量来达到更精确的预紧力控制。

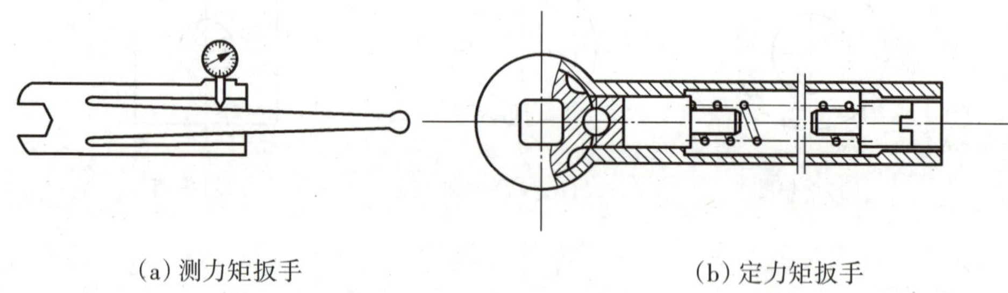

(a) 测力矩扳手　　(b) 定力矩扳手

图5-15 控制拧紧力矩的工具

5.3.2 螺纹连接的防松

三角形螺纹都具有自锁性,在静载荷和工作温度变化不大时不会自动松脱。但是在冲击、振动和变载的作用下,预紧力可能在某一瞬间消失,连接仍有可能松脱。处于高温下的螺纹连接,由于温度变形差异等原因,也可能发生松脱现象。因此,设计时必须考虑螺纹连接的防松。螺纹连接防松的根本问题在于防止螺旋副的相对转动。防松的方法很多,常用的方法主要有摩擦防松、机械防松和永久防松等。

1. 摩擦防松

（1）弹簧垫圈。弹簧垫圈是一个具有斜切口而两端上下错开的环形垫圈，材料为弹簧钢，装配后垫圈被压平，其反弹力能使螺纹间保持压紧力和摩擦力，如图5-16所示。

（2）对顶螺母。当两螺母对顶拧紧后，旋合段内螺栓受拉而螺母受压，这一压力几乎不受外力的影响，从而使螺旋副保持一定的摩擦力，以防止螺纹连接松脱，如图5-17所示。

（3）自锁螺母。自锁螺母一端制成非圆形收口，当螺母拧紧后，非圆形收口箍紧螺栓，使旋合螺纹间横向压紧，如图5-18所示。

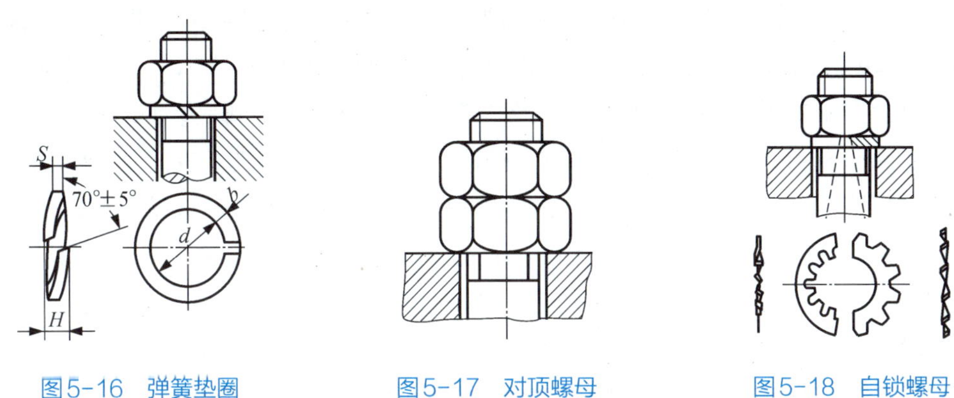

图5-16　弹簧垫圈　　图5-17　对顶螺母　　图5-18　自锁螺母

2. 机械防松

机械防松是利用附加机械装置，约束螺母与螺栓之间的相对转动，因而防松可靠，应用很广。图5-19为开口销与槽形螺母，开口销穿过螺母上的槽和螺栓上的孔后，将尾端掰开以防松。图5-20为用止动垫片防松，将垫片的边缘翻起，分别紧贴在螺母与被连接零件的侧面（或是插入被连接零件的槽中）以实现防松。

3. 永久防松

永久防松是在螺母拧紧后，利用冲头在螺栓末端与螺母的旋合缝处打冲点，把螺栓末端伸出部分铆死，或用点焊、金属胶粘等方法，将螺旋副变为不可拆连接，如图5-21所示。此方法防松可靠，适用于不需拆卸的特殊连接。

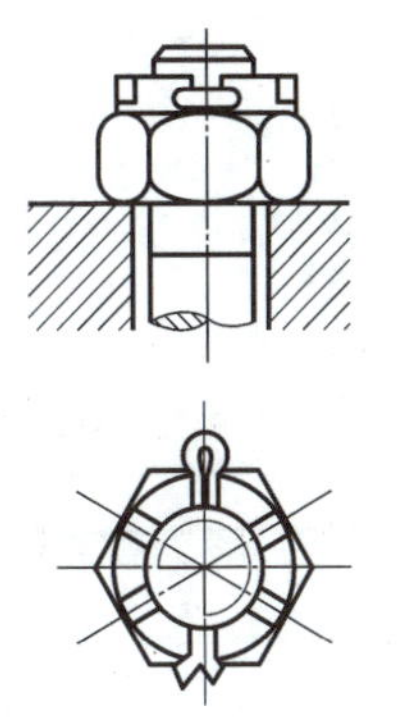

图5-19　开口销与槽形螺母

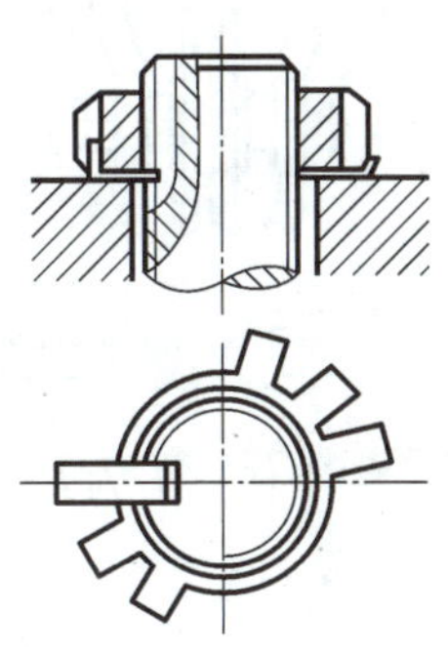

图5-20　止动垫片

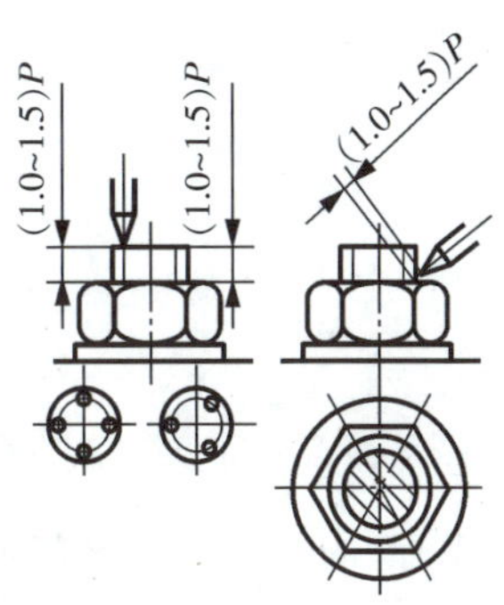

图5-21　永久防松

5.4 螺栓连接的强度计算

对每一个具体的螺栓而言，其受力的形式不外乎是受轴向力或受横向力。在轴向力(包括预紧力)的作用下，螺栓杆和螺纹部分可能发生塑性变形或断裂；而在横向力的作用下，当采用铰制孔用螺栓时，螺栓杆和孔壁的贴合面上可能发生压溃或螺栓杆被剪断等。根据统计分析，在静载荷下螺栓连接是很少发生破坏的，只有在严重过载的情况下破坏才会发生。就破坏性质而言，约有90%的螺栓连接属于疲劳破坏。而且疲劳断裂常发生在螺纹根部，即截面面积较小并有缺口应力集中的部位(约占85%)，有时也发生在螺栓头与光杆的交接处(约占15%)。综上所述，对于受拉螺栓，其主要破坏形式是螺栓杆螺纹部分发生断裂，因而其设计准则是保证螺栓的静力或疲劳拉伸强度；对于受剪螺栓，其主要破坏形式是螺栓杆和孔壁的贴合面上出现压溃或螺栓杆被剪断，其设计准则是保证连接的挤压强度和螺栓的剪切强度，其中连接的挤压强度对连接的可靠性起决定性作用。螺栓连接的强度计算，首先是根据连接的类型、连接的装配情况(预紧或不预紧)、载荷状态等条件，确定螺栓的受力，然后按相应的强度条件计算螺栓危险截面的直径(螺纹小径)或校核其强度。螺栓的其他部分(螺纹牙、螺栓头、光杆)和螺母、垫圈的结构尺寸，是根据等强度条件及使用经验规定的，通常都不需要进行强度计算，可按螺栓螺纹的公称直径由标准中选定。

5.4.1 松螺栓连接强度计算

松螺栓连接装配时，螺母不需要拧紧。在承受工作载荷之前，螺栓不受力。这种连接应用范围有限，例如拉杆、起重吊钩等的螺纹连接均属此类。现以起重吊钩的螺纹连接为例，说明松螺栓连接的强度计算方法，如图5-22所示。

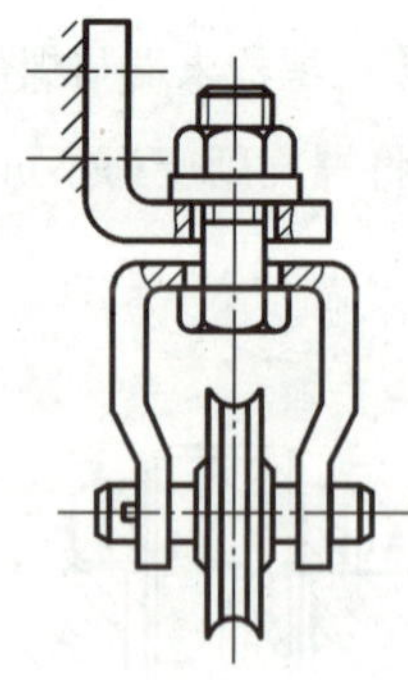

图5-22 松螺栓连接

当连接承受工作载荷F时，螺栓所受的工作拉力为F，则螺栓危险截面(一般为螺纹牙根圆柱的横截面)的拉伸强度条件为

$$\sigma = \frac{F}{\frac{\pi}{4}d_1^2} \leqslant [\sigma] \tag{5-3}$$

$$[\sigma] = \frac{\sigma_s}{S} \tag{5-4}$$

式中，d_1为螺栓小径，mm；$[\sigma]$为螺栓的许用拉应力，MPa；σ_s为螺栓材料的屈服极限，MPa，见表5-1；S为安全系数，见表5-2。

表5-1　螺栓连接件常用材料力学性能

钢号	抗拉强度极限 σ_b/MPa	屈服强度极限 σ_s/MPa	疲劳极限/MPa	
			σ_{-1}	σ_{-1r}
Q215	340~420	220	—	—
Q235	375~470	240	170~220	120~160
35	540	320	220~300	170~220
45	600	360	250~340	190~250

表5-2　受拉螺栓的安全系数

控制预紧力	1.2~1.5					
不控制预紧力	材料	静载荷			动载荷	
		M6~M16	M16~M30	M30~M60	M6~M16	M16~M30
	合金钢	5.7~5	5~3.4	3.4~3	10~6.8	6.8
	碳钢	5~4	4~2.5	2.5~2	12.5~8.5	8.5

5.4.2　紧螺栓连接强度计算

1. 受横向工作载荷的紧螺栓连接强度计算

图5-23所示的螺栓连接，螺栓与孔之间留有间隙，承受垂直于螺栓轴线的横向工作载荷F_s，它靠被连接件间产生的摩擦力保持连接件无相对滑动。若接合面间的摩擦力不足，在横向工作载荷作用下连接件发生相对滑动，则认为连接失效。因此，所需的螺栓轴向压紧力（预紧力）应为

$$F_0 = \frac{CF_s}{fmz} \tag{5-5}$$

式中，F_0为螺栓所受的轴向预紧力，N；C为可靠性系数，C=1.1~1.3；F_s为螺栓连接所受横向工作载荷，N；f为接合面间的摩擦系数，对于干燥的钢或铸铁件表面，可取f=0.10~0.16；m为接合面的数目，图5-23（a）中m=1，图5-23（b）中m=2；z为连接螺栓数目。

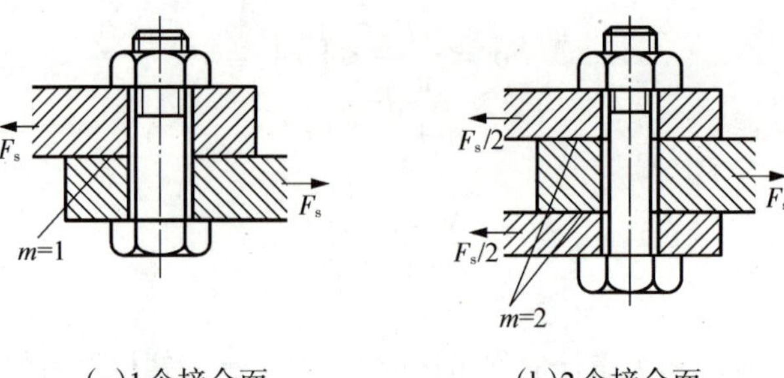

(a)1个接合面　　(b)2个接合面

图5-23　受横向工作载荷的螺栓连接

从式(5-5)来看，当f=0.15、C=1.2、m=1时，F_0= 8F_s，即轴向预紧力应为横向工作载荷的8倍，所以螺栓连接靠摩擦力来承担横向工作载荷时，螺栓的尺寸是较大的。为了避免上述缺点，可用键、套筒或销来承受横向工作载荷，而螺栓仅起连接作用，减载装置如图5-24所示。

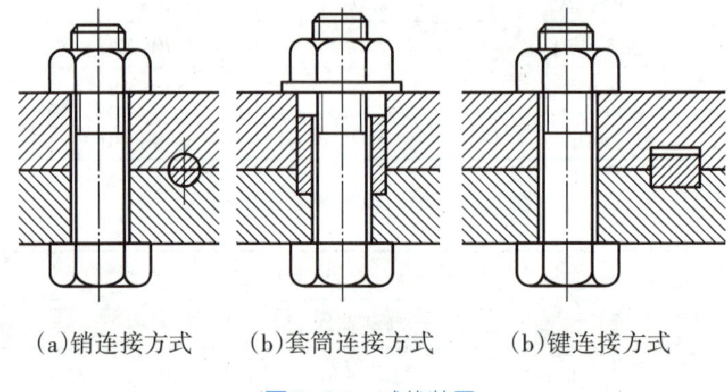

(a)销连接方式　　(b)套筒连接方式　　(b)键连接方式

图5-24　减载装置

除上述方法外，也可以采用螺杆与孔之间没有间隙的铰制孔用螺栓来承受横向作载荷。这些减载装置中的键、套筒、销和铰制孔用螺栓须按受剪切和挤压强度核算。

铰制孔螺栓连接如图5-25所示，螺栓杆的剪切强度和挤压强度分别为

$$\tau = \frac{4F_s}{\pi d_s^2} \leqslant [\tau] \tag{5-6}$$

$$\sigma_p = \frac{F_s}{h_{min} d_s} \leqslant [\sigma_p] \tag{5-7}$$

式中，F_s为单个铰制孔用螺栓所受的横向工作载荷，N；d_s为铰制孔用螺栓剪切面直径，mm；h_{min}为螺栓杆与孔壁挤压面的最小高度，mm；$[\tau]$为螺栓许用剪切应力，MPa，见表5-3；$[\sigma_p]$为螺栓或被连接件的许用挤压应力，MPa，见表5-3。

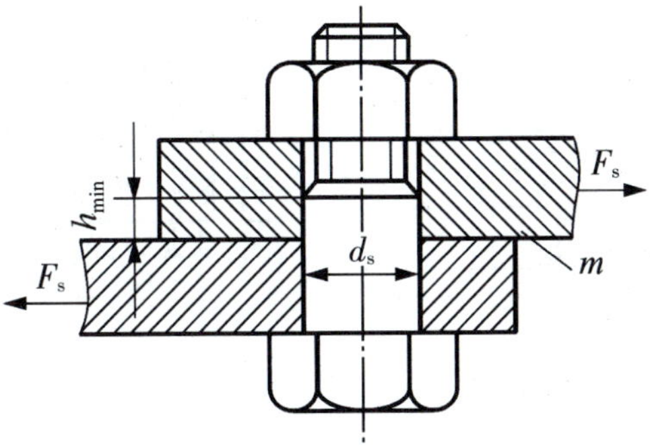

图5-25 铰制孔螺栓连接

表5-3 铰制孔螺栓许用应力

单位:MPa

种类	被连接件材料	剪切		挤压	
		许用应力	S_s	许用应力	S_p
静载荷	钢	$[\tau]=\sigma_s/S_s$	2.5	$[\sigma_p]=\sigma_s/S_p$	1.25
	铸铁			$[\sigma_p]=\sigma_s/S_p$	2~2.5
动载荷	钢、铸铁	$[\tau]=\sigma_s/S_s$	3.5~5	$[\sigma_p]$按静载荷取值的70%~80%计	

螺纹连接件的强度级别及推荐材料见表5-4。

表5-4 螺纹连接件的强度级别及推荐材料

螺栓 螺钉 螺柱	性能等级	3.6	4.6	4.8	5.6	5.8	6.8	8.8	9.8	9.9	12.9
	推荐材料	Q215 9	Q235 15	Q235 15	25 35	Q235 35	45	45	35 45	40Cr 15MnVB	40CrMnSi 15MnVB
相配螺母	性能等级	4(d>M16) 5(d≤M16)			5	5	6	8或9 (M16≤d≤M39)	9 (d≤M16)	9	12 (d≤M39)
	推荐材料	Q215 9	Q215 9	Q215 9	Q215 9	Q215 9	Q215 9	35	35	40Cr 15MnVB	40CrMnSi 15MnVB

注:1. 螺栓、螺钉、螺柱的性能等级代号中,小数点前的数字为$\sigma_{b\,min}$/100,点前、点后数相乘的10倍为$\sigma_{s\,min}$。如5.8级表示$\sigma_{b\,min}$=500 MPa,$\sigma_{s\,min}$ =400 MPa。螺母性能等级代号为$\sigma_{b\,min}$/100。

2. 同一材料通过工艺措施可制成不同等级的连接件。

3. 大于8.8级的连接件材料要经淬火并回火。

2. 受轴向工作载荷的紧螺栓连接强度计算

受轴向工作载荷的紧螺栓连接常用于对紧密性要求较高的压力容器中,如气缸、油缸中的法兰连接。工作载荷作用前,螺栓只受预紧力,接合面受压力,如图5-26(a)所示。工作时,在轴向工作载荷F作用下,接合面有分离趋势,该处压力由F'减为F'',称为残余预紧力,F''同时也作用于螺栓。因此,螺栓所受总拉力F_Q应为轴向工作载荷F与残余预紧力F''之和,如图5-26(b)所示,即

$$F_Q = F + F'' \tag{5-8}$$

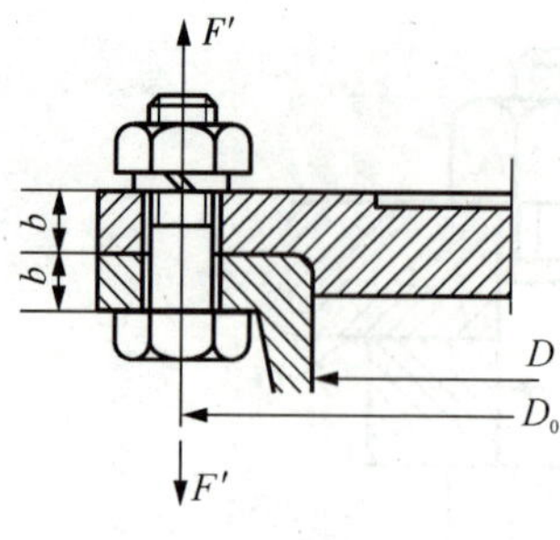

(a)受轴向载荷之前

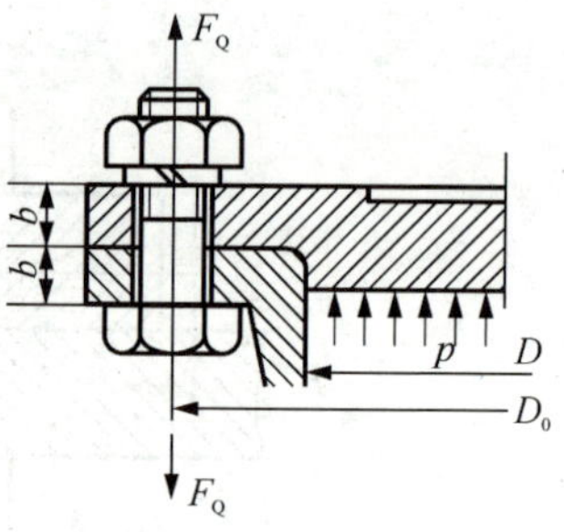

(b)受轴向载荷之后

图5-26　受轴向工作载荷的紧螺栓连接

紧螺栓连接应保证被连接件的接合面不出现缝隙。因此,残余预紧力F''应大于零。当F没有变化时,$F''=(0.2\sim0.6)F$;当F有变化时,$F''=(0.6\sim1.0)F$;对于有紧密性要求的连接, $F''=(1.5\sim1.8)F$。

在一般计算中,可先根据连接的工作要求规定残余预紧力F'',再由式(5-8)计算总拉力F_Q,然后按式(5-9)计算螺栓强度,按式(5-10)计算相应的螺栓直径。

$$\sigma_e = \frac{1.3F_Q}{\frac{\pi}{4}d_1^2} \leqslant [\sigma] \tag{5-9}$$

$$d_1 \geqslant \sqrt{\frac{5.2F_Q}{\pi[\sigma]}} \tag{5-10}$$

例5-1 如图5-26(b)所示,气缸盖与气缸体的凸缘厚度均为b=30 mm,采用普通螺栓连接。已知气体的压强P=1.5 MPa,气缸内径D=250 mm,螺栓分布圆直径D_0=350 mm,采用测力矩扳手装配。试选择螺栓的材料和强度级别,确定螺栓的数量和直径。

解 (1)选择螺栓材料和强度级别

该连接属于受轴向工作载荷的紧螺栓连接,较重要,由表5-4选45钢,6.8级,则

$$\sigma_b = 6 \times 100 = 600(\text{MPa}),\sigma_s = 6 \times 8 \times 10 = 480(\text{MPa})$$

(2)计算螺栓所受的总拉力

每个螺栓所受工作载荷

$$F = \frac{P\pi D^2}{4z} = \frac{1.5 \times 3.14 \times 250^2}{4z} = \frac{73\,594}{z}$$

气缸为紧密型连接,取F''=1.6 F,由式(5-8)得

$$F_Q = F + F'' = 2.6F = \frac{2.6 \times 73\,594}{z} = \frac{191\,344}{z}$$

(3)计算螺栓直径和数量

查表5-2,取S=2,则

$$[\sigma] = \frac{\sigma_s}{S} = \frac{480}{2} = 240(\text{MPa})$$

初选z = 8个,求得d_1 = 12.85 mm,选取螺栓型号为M16。

(4)校验螺栓间距

$$t_{0\max}=7d=112(\mathrm{mm}),\ t_{0\min}=3d=48(\mathrm{mm}),\ t_0=\pi\frac{D_0}{z}=\pi\times\frac{350}{8}=137(\mathrm{mm})>t_{0\max}$$

为了保证连接的紧密性，螺栓数z取12，t_0=92 mm，能满足间距要求，且强度更好，所以选用12个M16螺栓。

5.5 螺旋传动

螺旋传动主要用来把回转运动变为直线运动。按使用要求的不同可分为传力螺旋、传导螺旋、调整螺旋三类。

5.5.1 传力螺旋

传力螺旋以传递动力为主，要求用较小的力矩转动螺杆(或螺母)而使螺杆(或螺母)产生轴向运动和较大的轴向力，这个轴向力可以用来做起重和加压等工作。例如图5-27(a)所示的起重器，图5-27(b)所示的压力机(加压或装拆用)等。

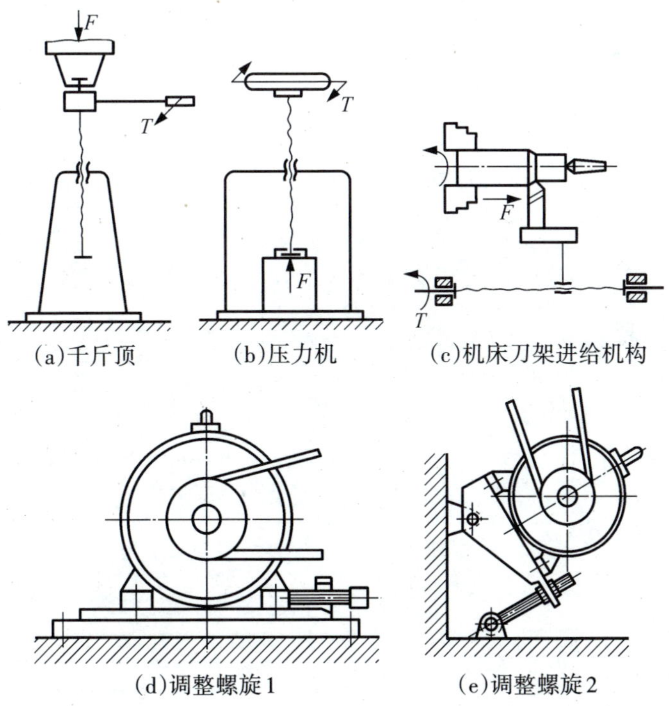

(a)千斤顶　(b)压力机　(c)机床刀架进给机构

(d)调整螺旋1　(e)调整螺旋2

图5-27　螺旋传动的应用

5.5.2 传导螺旋

传导螺旋以传递运动为主,并要求具有很高的运动精度,它常用作机床刀架或工作台的进给机构,如图5-27(c)所示。

5.5.3 调整螺旋

调整螺旋用于调整并固定零部件或零部件之间的相对位置,如图5-27(d)(e)所示。调整螺旋不经常转动。

螺杆和螺母的材料除要求有足够的强度、耐磨性外,还要求两者运转配合时摩擦系数小。一般螺杆可选用Q275、45、50钢等;重要螺杆可选用T12、40Cr、65Mn钢等,并进行热处理。常用的螺母材料有铸造锡青铜ZCuSn10P1和ZCuSn5Pb5Zn5;重载低速时可选用强度高的铸造铝青铜ZCuAl10Fe3;轻载低速,特别是不经常运转时,可选用耐磨铸铁。

螺旋传动失效的主要原因是螺纹磨损,因此,通常应先由耐磨性条件算出螺杆的直径和螺母高度,并参照标准确定螺旋的各主要参数,而后对可能发生的其他失效进行校核。

第6章

带传动

6.1 概述

带传动是一种挠性传动。带传动的基本组成零件为带轮(主动带轮和从动带轮)和传动带,如图6-1所示。当主动带轮1转动时,利用带轮和传动带间的摩擦或啮合作用,将运动和动力通过传动带3传递给从动带轮2。带传动具有结构简单、传动平稳、价格低廉和缓冲吸振等特点,在近代机械中应用广泛。

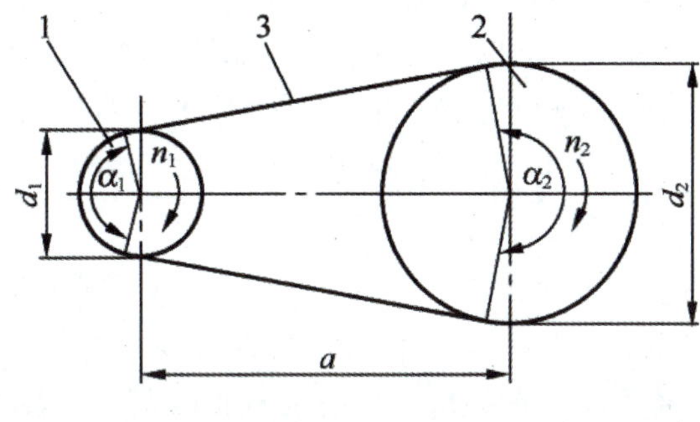

图6-1 带传动

6.1.1 带传动的类型

按照工作原理的不同,带传动可分为摩擦型带传动和啮合型带传动。在摩擦型带传动中,根据传动带的横截面形状的不同,又可以分为平带传动(图6-2)、V带传动(图6-3)、圆带传动(图6-4)和多楔带传动(图6-5)。啮合型带传动如图6-6所示。

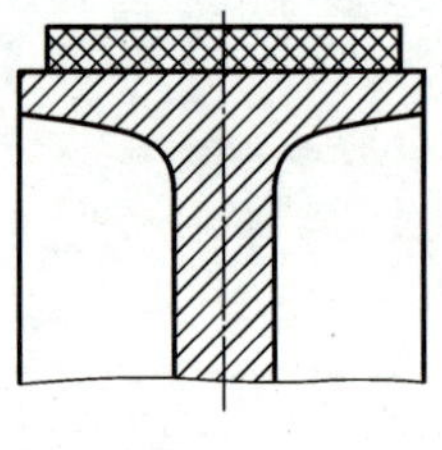
图6-2　平带传动

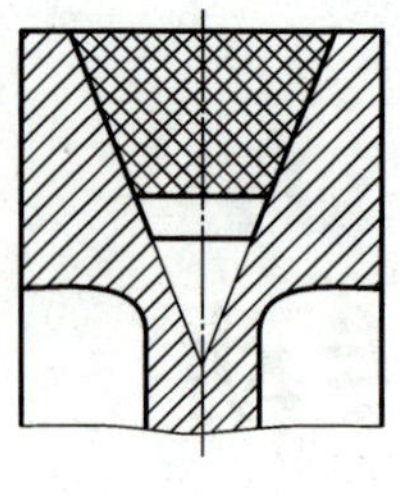
图6-3　V带传动

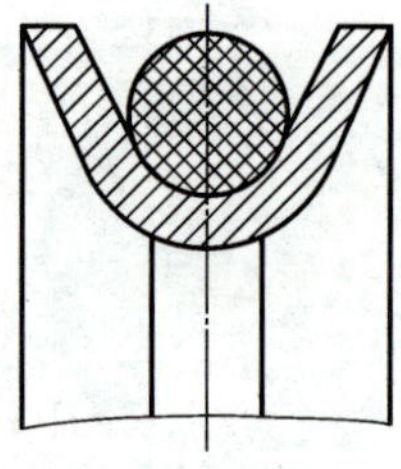
图6-4　圆带传动

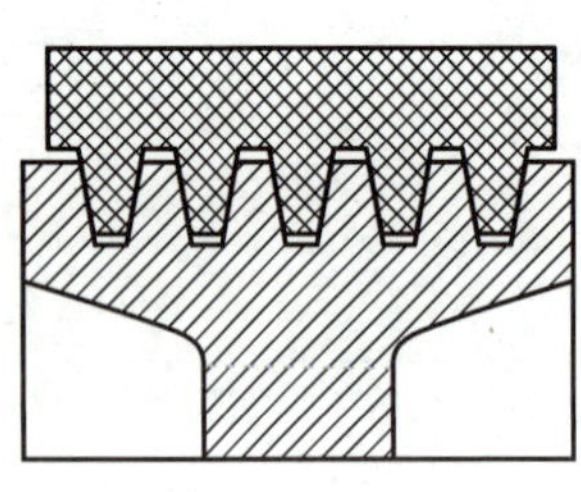
图6-5　多楔带传动

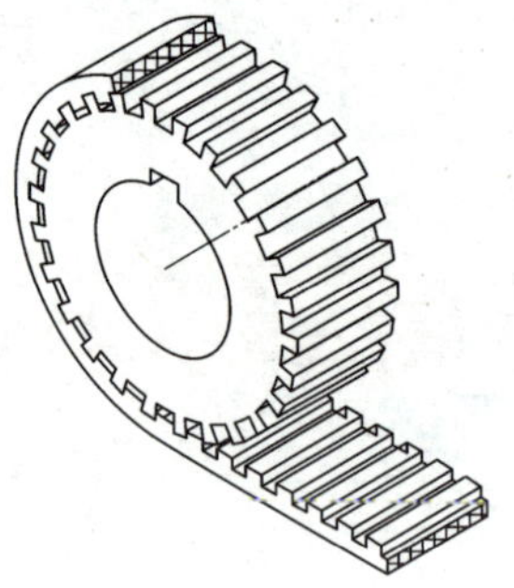
图6-6　啮合型带传动

平带传动结构简单，传动效率高，带轮也容易制造，在传动中心距较大的情况下应用较多。常用的平带有帆布芯平带、编织平带(棉织、毛织和缝合棉布带)、锦纶片复合平带等数种。其中以帆布芯平带应用最广，它的规格可查阅国家标准或手册。

圆带结构简单，其材料常为皮革、棉、麻、锦纶、聚氨脂等，多用于小功率传动。

V带的横截面呈等腰梯形，带轮上也做出相应的轮槽。传动时，V带的两个侧面和轮槽接触，可以提供更大的摩擦力。另外，V带传动允许的传动比大，结构紧凑。大多数V带已标准化。V带传动的上述特点使它获得了广泛的应用。

多楔带兼有平带柔性好和V带摩擦力大的优点，并解决了多根V带长短不一而使各带受力不均的问题。多楔带主要用于传递功率较大同时要求结构紧凑的场合。

啮合型带传动一般也称为同步带传动。它通过传动带内表面上等距分布的横向齿和带轮上相应齿槽的啮合来传递运动。与摩擦型带传动相比，同步带传动的带轮和传动带之间没有相对滑动，能够保证严格的传动比。但同步带传动对中心距及其尺寸稳定性要求较高。

6.1.2　带传动的特点

带传动的优点如下：

(1)适用于中心距较大的传动。

(2)带具有良好的挠性，可缓和冲击、吸收振动。

(3)过载时带与带轮间会出现打滑。打滑虽使传动失效，但可防止损坏其他零件。

(4)结构简单、成本低廉。

带传动的缺点如下：

(1)传动的外廓尺寸较大。

(2)需要张紧装置。

(3)由于带的滑动,不能保证固定不变的传动比。

(4)带的寿命较短。

(5)传动效率较低。

通常,带传动适用于中小功率的传动,目前V带传动应用最为广泛,一般带速为$v=5\sim25$ m/s,传动比$i\leqslant7$,传动效率90%~95%。

6.1.3 V带的类型与结构

标准普通V带是用多种材料制成的无接头环形带。这些材料包括顶胶1、抗拉体2、底胶3和包布4,其组成方式如图6-7所示。根据抗拉体结构的不同,普通V带分为帘布芯V带和绳芯V带两种。帘布芯V带制造方便,绳芯V带柔韧性好。普通V带主要用于载荷不大和带轮直径较小的场合。普通V带的带型分为Y、Z、A、B、C、D、E 7种,其截面尺寸见表6-1。窄V带的剖面结构与普通V带类似,当宽度相同时,窄V带的高度约增加1/3,使其看上去比普通V带窄。窄V带适用于传递功率较大同时又要求外形尺寸较小的场合,其工作原理和设计方法与普通V带类似。

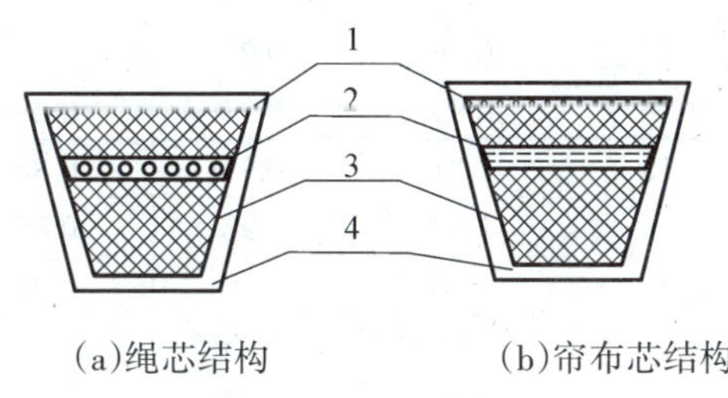

(a)绳芯结构　　(b)帘布芯结构

图6-7　普通V带结构

表6-1　V带截面尺寸

型号	节宽 b_p / mm	顶宽 b / mm	高度 h / mm	楔角 α /°	单位长度质量 q /(kg·m^{-1})
Y	5.3	6	4	40	0.04
Z	8.5	10	6	40	0.06
A	11.0	13	8	40	0.10
B	14.0	17	11	40	0.17
C	19.0	22	14	40	0.30
D	27.0	32	19	40	0.60
E	32.0	38	23	40	0.87
SPZ	8.5	10	8	40	0.07
SPA	11.0	13	10	40	0.12
SPB	14.0	17	14	40	0.20
SPC	19.0	22	18	40	0.37

V带的名义长度称为基准长度,基准长度是按照一定的方式测量得到的。当V带垂直于其顶面弯曲时,从剖面上看,顶胶变窄,底胶变宽,在顶胶和底胶之间的某个位置处宽度保持不变,

这个宽度称为带的节宽b。把V带套在规定尺寸的测量带轮上，在规定的张紧力下，沿着V带的节宽巡行一周，即为V带的基准长度L_d。基准长度已经标准化，见表6-2。

表6-2　V带的基准长度系列及带长修正系数K_L

基准长度 L_d/mm	带长修正系数K_L						
	Y	Z	A	B	C	D	E
400	0.96	0.87					
450	1.00	0.89					
500	1.02	0.91					
560		0.94					
630		0.96	0.81				
710		0.99	0.83				
800		1.00	0.85				
900		1.03	0.87	0.82			
1 000		1.06	0.89	0.84			
1 120		1.08	0.91	0.86			
1 250		1.11	0.93	0.88			
1 400		1.14	0.96	0.90			
1 600		1.16	0.99	0.92	0.83		
1 800		1.18	1.01	0.95	0.86		
2 000			1.03	0.98	0.88		
2 240			1.06	1.00	0.91		
2 500			1.09	1.03	0.93		
2 800			1.11	1.05	0.95	0.83	
3 150			1.13	1.07	0.97	0.86	
3 550			1.17	1.09	0.99	0.89	
4 000			1.19	1.13	1.02	0.91	
4 500				1.15	1.04	0.93	0.90
5 000				1.18	1.07	0.96	0.92

6.2 带传动工作情况的分析

6.2.1　带传动的受力分析

带传动工作前，传动带以一定的初拉力F_0张紧在带轮上，如图6-8(a)所示。带传动工作时，带和带轮间的静摩擦力作用使带一边拉紧，一边放松。紧边拉力为F_1，松边拉力为F_2，如图6-8(b)所示。如果近似认为带的总长度保持不变，并且假设带为线性弹性体，则有下式成立

$$F_1 - F_0 = F_0 - F_2 \tag{6-1}$$

或者
$$F_1 + F_2 = 2F_0 \tag{6-2}$$

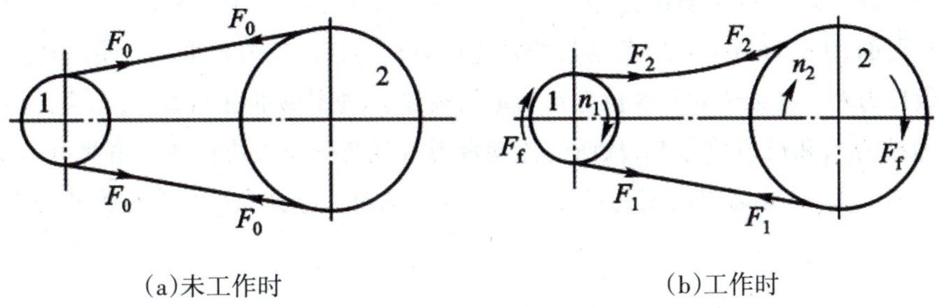

(a)未工作时　　(b)工作时

图6-8　带传动的受力分析

如果取与带轮接触的传动带为分离体，如图6-9所示，那么根据传动带上诸力对带轮中心的力矩平衡条件可得

$$F_f = F_1 - F_2 \tag{6-3}$$

式中，F_f为传动带的总摩擦力，N。

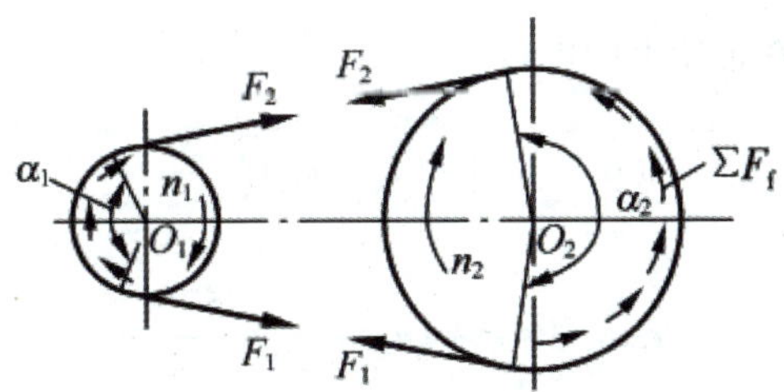

图6-9　带传动分离体的受力分析

带传动的有效拉力F_e等于传动带工作表面上的总摩擦力F_f，于是

$$F_e = F_f = F_1 - F_2 \tag{6-4}$$

有效拉力F_e与带传动所传递的功率P的关系为

$$P = \frac{F_e v}{1000} \tag{6-5}$$

式中，功率P的单位为kW；有效拉力F_e的单位为N；传动带的速度v的单位为m/s。

在初拉力F_0、紧边拉力F_1、松边拉力F_2和有效圆周力F_e这四个力中，只有两个是独立的。因此，由式(6-1)和式(6-4)可得

$$\begin{cases} F_1 = F_0 + \dfrac{F_e}{2} \\ F_2 = F_0 - \dfrac{F_e}{2} \end{cases} \tag{6-6}$$

由式(6-5)可知，在带速一定的条件下，带传动所传递的功率P决定了带传动应有的有效拉力F_e，也就相应地决定了传动带和带轮间应该至少具有的总摩擦力F_f，以及为了获得这个总摩擦

力,传动带应具有的最小的初拉力$(F_0)_{min}$。带轮的初拉力F_0必须大于带传动正常工作所要求的最小的初拉力$(F_0)_{min}$,否则主动带轮将带不动从动带轮,带传动将出现整体打滑。但过大的初拉力是没有必要的,由式(6-6)可知,传动带的紧边拉力F_1与松边拉力F_2取决于带的初拉力F_0和带传动的有效拉力F_e。在带传动有效拉力F_e给定的条件下,把传动带张得过紧,只会无谓地增大传动带的紧边拉力F_1和松边拉力F_2,从而使传动带因过度磨损而很快松弛。由此可见,为了保证带传动的正常工作,首先需要确定满足传递功率要求的至少应具有的总摩擦力和与之对应的最小初拉力。

6.2.2 带传动的最小初拉力和临界摩擦力

在最小初拉力$(F_0)_{min}$的作用下,带和带轮间能够产生的最大总摩擦力是带传动即将打滑时的摩擦力,称为临界摩擦力F_{fc}或临界有效拉力F_{ec}。根据理论推导两者之间的关系为

$$F_{ec}=F_{fc}=2(F_0)_{min}\frac{1-\dfrac{1}{e^{f\alpha}}}{1+\dfrac{1}{e^{f\alpha}}} \tag{6-7}$$

式中,f为摩擦系数;α为带在带轮上的包角,°。

$$\alpha_1\approx180°-(d_{d2}-d_{d1})\frac{57.3°}{a}$$

$$\alpha_2\approx180°+(d_{d2}-d_{d1})\frac{57.3°}{a} \tag{6-8}$$

式(6-7)中的包角α应取α_1和α_2中的较小者,即$\alpha=\min(\alpha_1,\alpha_2)$。式(6-8)中$d_{d1}$和$d_{d2}$分别为小带轮和大带轮的基准直径,$a$为两轮的中心距。对于V带来说,基准直径就是带轮槽宽尺寸等于带的节宽b_0处的直径。由式(6-7)可知,最小初拉力直接决定着临界摩擦力的大小。同时,增加摩擦系数(或当量摩擦系数)和带轮的包角,有利于增大临界摩擦力,从而可以相应地降低最小初拉力$(F_0)_{min}$的值。

6.2.3 带的应力分析

带传动工作时,带中的应力有以下几种。

1. 拉应力

拉应力包括紧边拉应力σ_1和松边拉应力σ_2,则有

$$\begin{cases}\sigma_1=\dfrac{F_1}{A}\\ \sigma_2=\dfrac{F_2}{A}\end{cases} \tag{6-9}$$

式中,σ_1和σ_2的单位为MPa; F_1为紧边拉力,N;F_2为松边拉力,N;A为传动带的横截面积,mm²。

2. 弯曲应力

传动带绕在带轮上时，在带中会引起弯曲应力σ_{b1}和σ_{b2}，则有

$$\begin{cases}\sigma_{b1} \approx E\dfrac{h}{d_{d1}} \\ \sigma_{b2} \approx E\dfrac{h}{d_{d2}}\end{cases} \tag{6-10}$$

式中，h为传动带的高度，mm；E为传动带的弹性模量，MPa；d_{d1}、d_{d2}分别为小带轮、大带轮的基准直径，mm，表6-3列举了V带轮的基准直径系列。

表6-3　V带轮最小直径及基准直径系列

单位：mm

V带型号	Y	Z	A	B	C	D	E
最小直径d_{min}	20	50	75	125	200	355	500
基准直径系列	22，22.4，25，28，31.5，35.5，40，45，50，56，63，71，75，80，85，90，95，100，106，112，118，125，132，140，150，160，170，180，200，212，224，236，250，265，280，300，315，355，375，400，425，450，475，500，530，560，600，630，670，710，750，800，900，1 000						

因为弯曲应力与带轮的基准直径成反比，所以带在小带轮上的弯曲应力σ_{b1}一定大于其在大带轮上的弯曲应力σ_{b2}。

3. 离心拉应力

当带随着带轮做圆周运动时，必须在带中施加一定的力，以迫使带做圆周运动，这个力习惯上称为离心拉力。离心拉力存在于带的全长范围内。因离心拉力而产生的离心拉应力σ_c为

$$\sigma_c = \frac{qv^2}{A} \tag{6-11}$$

式中，q为传动带单位长度的质量，kg/m，见表6-1；v为带的线速度，m/s。

图6-10为带传动工作时的带中应力分布情况。带中可能产生的瞬时最大应力发生在带的紧边开始绕上小带轮处，此处的最大应力可近似地表示为

$$\sigma_{max} \approx \sigma_1 + \sigma_{b1} + \sigma_c \tag{6-12}$$

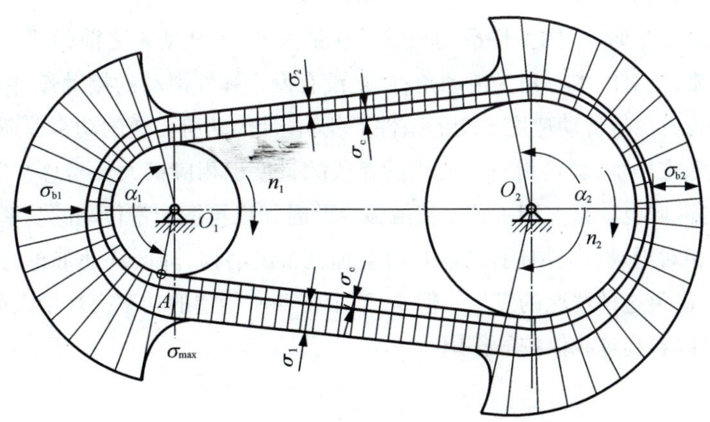

图6-10　带传动工作时的带中应力分布

由图6-10可见，带在运动过程中，带上任意一点的应力都会发生变化。带每巡行一周，相当于应力变化的一个周期。当带工作一定的时间之后，将会因为疲劳而发生断裂或塑性变形。

6.2.4 带的弹性滑动和打滑

传动带在受到拉力作用时会发生弹性变形。在小带轮上，带的拉力从紧边拉力F_1逐渐降低到松边拉力F_2，带的弹性变形量逐渐减少。因此带相对于小带轮向后退缩，使得带的速度低于小带轮的线速度；在大带轮上，带的拉力从松边拉力F_2逐渐上升为紧边拉力F_1，带的弹性变形量逐渐增加，带相对于大带轮向前伸长，使得带的速度高于大带轮的线速度。这种由于带的弹性变形而引起的带与带轮间的微量滑动，称为带传动的弹性滑动。因为带传动总有紧边和松边，所以弹性滑动也总是存在的，是无法避免的。带在开始绕上小带轮时，其速度等于小带轮的线速度；带在绕出小带轮时，其速度低于小带轮的线速度。在大带轮上发生着类似的过程。带在开始绕上大带轮时，其速度等于大带轮的线速度；带在绕出大带轮时，其速度高于大带轮的线速度。带经过上述循环，带速没有发生变化。但是大带轮的线速度v_2却因此而小于小带轮的线速度v_1，带轮线速度的相对变化量可以用滑动率ε来评价

$$\varepsilon = \frac{v_1 - v_2}{v_1} \times 100\% \tag{6-13}$$

其中

$$\begin{cases} v_1 = \dfrac{\pi d_{d1} n_1}{60 \times 1000} \\ v_2 = \dfrac{\pi d_{d2} n_2}{60 \times 1000} \end{cases}$$

式中，n_1，n_2为主动轮和从动轮的转速，r/min。

带传动的平均传动比可表示为

$$i = \frac{n_1}{n_2} = \frac{d_{d2}}{(1 - \varepsilon) d_{d1}} \tag{6-14}$$

在一般的带传动中，因滑动率不大（$\varepsilon \approx 1\% \sim 2\%$），故可以不予考虑，而取传动比为

$$i = \frac{n_1}{n_2} \approx \frac{d_{d2}}{d_{d1}} \tag{6-15}$$

在带传动正常工作时，带的弹性滑动只发生在带离开主、从动轮之前的那一段接触弧上，称这一段弧为滑动弧，所对的中心角为滑动角；而把没有发生弹性滑动的接触弧，称为静止弧，所对的中心角为静止角。在带传动速度不变的条件下，随着带传动所传递的功率逐渐增加，带和带轮间的总摩擦力也随之增加，弹性滑动所发生的弧段的长度也相应扩大。当总摩擦力增加到临界值时，弹性滑动的区域也就扩大到了整个接触弧。此时如果再增加带传动的功率，则带与带轮间就会发生显著的相对滑动，即整体打滑。打滑会加剧带的磨损，降低从动带轮的转速，甚至使传动失效，故应极力避免这种情况的发生。但是，当带传动所传递的功率突然增大而超过设计功率时，这种打滑却可以起到过载保护的作用。

普通V带传动的设计计算

6.3.1 带传动的失效形式和设计准则

带传动的主要失效形式是打滑和疲劳破坏。因此带传动的设计准则是在保证带传动不打滑的情况下，使带具有一定的疲劳强度和寿命。

6.3.2 单根普通V带所能传递的功率

在传动比i=1、包角α_1=180°、特定带长、载荷平稳、抗拉体材质为化学纤维绳芯结构的条件下，试验得单根普通V带的基本额定功率P_0见表6-4。

表6-4　单根普通V带的基本额定功率P_0

带型	小带轮的基准直径d_{d1}/mm	小带轮转速n_1/(r·min^{-1})									
		400	700	800	950	1 200	1 450	1 600	2 000	2 400	2 800
Z	50	0.06	0.09	0.10	0.12	0.14	0.16	0.17	0.20	0.22	0.26
	56	0.06	0.11	0.12	0.14	0.17	0.19	0.20	0.25	0.30	0.33
	63	0.08	0.13	0.15	0.18	0.22	0.25	0.27	0.32	0.37	0.41
	71	0.09	0.17	0.20	0.23	0.27	0.30	0.33	0.39	0.46	0.50
	80	0.14	0.20	0.22	0.26	0.30	0.35	0.39	0.44	0.50	0.56
	90	0.14	0.22	0.24	0.28	0.33	0.36	0.40	0.48	0.54	0.60
A	75	0.26	0.40	0.45	0.51	0.60	0.68	0.73	0.84	0.92	1.00
	90	0.39	0.61	0.68	0.77	0.93	1.07	1.15	1.34	1.50	1.64
	100	0.47	0.74	0.83	0.95	1.14	1.32	1.42	1.66	1.87	2.05
	112	0.56	0.90	1.00	1.15	1.39	1.61	1.74	2.04	2.30	2.51
	125	0.67	1.07	1.19	1.37	1.66	1.92	2.07	2.44	2.74	2.98
	140	0.78	1.26	1.41	1.62	1.96	2.28	2.45	2.87	3.22	3.48
	160	0.94	1.51	1.69	1.95	2.36	2.73	2.54	3.42	3.80	4.06
	180	1.09	1.76	1.97	2.27	2.74	3.16	3.40	3.93	4.32	4.54
B	125	0.84	1.30	1.44	1.64	1.93	2.19	2.33	2.64	2.85	2.96
	140	1.05	1.64	1.82	2.08	2.47	2.82	3.00	3.42	3.70	3.85
	160	1.32	2.09	2.32	2.66	3.17	3.62	3.86	4.40	4.75	4.89
	180	1.59	2.53	2.81	3.22	3.85	4.39	4.68	5.30	5.67	5.76
	200	1.85	2.96	3.30	3.77	4.50	5.13	5.46	6.13	6.47	6.43
	224	2.17	3.47	3.86	4.42	5.26	5.97	6.33	7.02	7.25	6.95
	250	2.50	4.00	4.46	5.10	6.04	6.82	7.20	7.87	7.89	7.14
	280	2.89	4.61	5.13	5.85	6.90	7.76	8.13	8.60	8.22	6.80
C	200	2.41	3.69	4.07	4.58	5.29	5.84	6.07	6.34	6.02	5.01
	224	2.99	4.64	5.12	5.78	6.71	7.45	7.75	8.06	7.57	6.08
	250	3.62	5.64	6.23	7.04	8.21	9.04	9.38	9.62	8.75	6.56

续表

带型	小带轮的基准直径 d_{d1}/mm	小带轮转速 n_1/(r·min^{-1})									
		400	700	800	950	1 200	1 450	1 600	2 000	2 400	2 800
C	280	4.32	6.76	7.52	8.49	9.81	10.72	11.06	11.04	9.50	6.13
	315	5.14	8.09	8.92	10.05	11.53	12.46	12.72	12.14	9.43	4.16
	355	6.05	9.50	10.46	11.73	13.31	14.12	14.19	12.58	7.98	—
	400	7.06	11.02	12.10	13.48	15.04	15.53	14.24	11.95	4.34	—
	450	8.20	12.63	13.80	15.23	16.59	16.47	15.57	9.64	—	—
D	355	9.24	13.70	16.15	17.25	16.77	15.63	—	—	—	—
	400	11.45	17.07	20.06	21.20	20.15	18.31	—	—	—	—
	450	13.85	20.63	24.01	24.84	22.02	19.59	—	—	—	—
	500	16.20	23.99	27.50	26.71	23.59	18.88	—	—	—	—
	560	18.95	27.73	31.04	29.67	22.58	15.13	—	—	—	—
	630	22.05	31.68	34.19	30.15	18.06	6.25	—	—	—	—
	710	25.45	35.59	36.35	27.88	7.99	—	—	—	—	—
	800	29.08	39.14	36.76	21.32	—	—	—	—	—	—

当实际情况与上述试验条件不同时，应对P_0加以修正，从而得出单根普通V带在实际工作情况下所能传递的许用功率$[P_0]$，其计算公式为

$$[P_0] = (P_0 + \Delta P_0)K_\alpha K_L \tag{6-16}$$

式中，ΔP_0为基本额定功率增量，见表6-5；K_α为包角修正系数，见表6-6；K_L为带长修正系数，见表6-2。

表6-5　单根普通V带的基本额定功率的增量ΔP_0

带型	传动比i	小带轮转速 n_1/(r·min^{-1})									
		400	700	800	950	1 200	1 450	1 600	2 000	2 400	2 800
Z	1.00~1.01	0.00	0.00	0.00	0.00	0.00	0.00	0.00	0.00	0.00	0.00
	1.02~1.04	0.00	0.00	0.00	0.00	0.00	0.00	0.01	0.01	0.01	0.01
	1.05~1.08	0.00	0.00	0.00	0.00	0.01	0.01	0.01	0.01	0.02	0.02
	1.09~1.12	0.00	0.00	0.00	0.01	0.01	0.01	0.01	0.02	0.02	0.02
	1.13~1.18	0.00	0.00	0.01	0.01	0.01	0.01	0.01	0.02	0.02	0.03
	1.19~1.24	0.00	0.00	0.01	0.01	0.01	0.02	0.02	0.02	0.03	0.03
	1.25~1.34	0.00	0.01	0.01	0.01	0.02	0.02	0.02	0.02	0.03	0.03
	1.35~1.50	0.00	0.01	0.01	0.02	0.02	0.02	0.02	0.03	0.03	0.04
	1.51~1.99	0.01	0.01	0.02	0.02	0.02	0.03	0.03	0.03	0.04	0.04
	≥2.00	0.01	0.02	0.02	0.02	0.03	0.03	0.03	0.04	0.04	0.04
A	1.00~1.01	0.00	0.00	0.00	0.00	0.00	0.00	0.00	0.00	0.00	0.00
	1.02~1.04	0.01	0.01	0.01	0.01	0.02	0.02	0.02	0.03	0.03	0.04
	1.05~1.08	0.01	0.02	0.02	0.03	0.03	0.04	0.04	0.06	0.07	0.08
	1.09~1.12	0.02	0.03	0.03	0.04	0.05	0.06	0.06	0.08	0.10	0.11
	1.13~1.18	0.02	0.04	0.04	0.05	0.07	0.08	0.09	0.11	0.13	0.15
	1.19~1.24	0.03	0.05	0.05	0.06	0.08	0.09	0.11	0.13	0.16	0.19

续表

带型	传动比i	小带轮转速n_1/(r·min^{-1})									
		400	700	800	950	1 200	1 450	1 600	2 000	2 400	2 800
A	1.25~1.34	0.03	0.06	0.06	0.07	0.10	0.11	0.13	0.16	0.19	0.23
	1.35~1.50	0.04	0.07	0.08	0.08	0.11	0.13	0.15	0.19	0.23	0.26
	1.51~1.99	0.04	0.08	0.09	0.10	0.13	0.15	0.17	0.22	0.26	0.30
	≥2.00	0.05	0.09	0.10	0.11	0.15	0.17	0.19	0.24	0.29	0.34
B	1.00~1.01	0.00	0.00	0.00	0.00	0.00	0.00	0.00	0.00	0.00	0.00
	1.02~1.04	0.01	0.02	0.03	0.03	0.04	0.05	0.06	0.07	0.08	0.10
	1.05~1.08	0.03	0.05	0.06	0.07	0.08	0.10	0.11	0.14	0.17	0.20
	1.09~1.12	0.04	0.07	0.09	0.10	0.13	0.15	0.17	0.21	0.25	0.29
	1.13~1.18	0.06	0.10	0.11	0.13	0.17	0.20	0.23	0.28	0.34	0.39
	1.19~1.24	0.07	0.12	0.14	0.17	0.21	0.25	0.28	0.35	0.42	0.49
	1.25~1.34	0.08	0.15	0.17	0.20	0.25	0.31	0.34	0.42	0.51	0.59
	1.35~1.50	0.10	0.17	0.20	0.23	0.30	0.36	0.39	0.49	0.59	0.69
	1.51~1.99	0.11	0.20	0.23	0.26	0.34	0.40	0.45	0.56	0.68	0.79
	≥2.00	0.13	0.22	0.25	0.30	0.38	0.46	0.51	0.63	0.76	0.89
C	1.00~1.01	0.00	0.00	0.00	0.00	0.00	0.00	0.00	0.00	0.00	0.00
	1.02~1.04	0.04	0.07	0.08	0.09	0.12	0.14	0.16	0.20	0.23	0.27
	1.05~1.08	0.08	0.14	0.16	0.19	0.24	0.28	0.31	0.39	0.47	0.55
	1.09~1.12	0.12	0.21	0.23	0.27	0.35	0.42	0.47	0.59	0.70	0.82
	1.13~1.18	0.16	0.27	0.31	0.37	0.47	0.58	0.63	0.78	0.94	1.10
	1.19~1.24	0.20	0.34	0.39	0.47	0.59	0.71	0.78	0.98	1.18	1.37
	1.25~1.34	0.23	0.41	0.47	0.56	0.70	0.85	0.94	1.17	1.41	1.64
	1.35~1.50	0.27	0.48	0.55	0.65	0.82	0.99	1.10	1.37	1.65	1.92
	1.51~1.99	0.31	0.55	0.63	0.74	0.94	1.14	1.25	1.57	1.88	2.19
	≥2.00	0.35	0.62	0.71	0.83	1.06	1.27	1.41	1.76	2.12	2.47
D	1.00~1.01	0.00	0.00	0.00	0.00	0.00	0.00	0.00	—	—	—
	1.02~1.04	0.14	0.24	0.28	0.33	0.42	0.51	0.56	—	—	—
	1.05~1.08	0.28	0.49	0.56	0.66	0.84	1.01	1.11	—	—	—
	1.09~1.12	0.42	0.73	0.83	0.99	1.25	1.51	1.67	—	—	—
	1.13~1.18	0.56	0.97	1.11	0.32	1.67	2.02	2.23	—	—	—
	1.19~1.24	0.70	1.22	1.39	0.60	1.09	2.52	2.78	—	—	—
	1.25~1.34	0.83	1.46	1.67	0.92	2.50	3.02	3.33	—	—	—
	1.35~1.50	0.97	1.70	1.95	2.31	2.92	3.52	3.89	—	—	—
	1.51~1.99	1.11	1.95	2.22	2.64	3.34	4.03	4.45	—	—	—
	≥2.00	1.25	2.19	2.50	2.97	3.75	4.53	5.00	—	—	—

表6-6 V带轮包角修正系数

小带轮包角/°	180	175	170	165	160	155	150	145	140	135	130	125	120
K_α	1.00	0.99	0.98	0.96	0.95	0.93	0.92	0.91	0.89	0.88	0.86	0.84	0.82

6.3.3 普通V带传动的设计方法

1. 确定计算功率

$$P_c = K_A P \quad (6\text{-}17)$$

式中，K_A为工作情况系数，见表6-7。

表6-7 工作情况系数

工况	适用范围	载荷类型					
		空、轻载启动			重载启动		
		每天工作小时数/h					
		<10	10~16	>16	<10	10~16	>16
载荷变动微小	液体搅拌机、通风机和鼓风机($P\leqslant$7.5 kW)和压缩机、轻型输送机	1.0	1.1	1.2	1.1	1.2	1.3
载荷变动较小	带式输送机(不均匀负荷)、通风机($P>$7.5 kW)、旋转式水泵和压缩机(非离心式)、发电机、金属切削机床、印刷机、旋转筛、纺织机械、重载输送机	1.1	1.2	1.3	1.2	1.3	1.4
载荷变动较大	制砖机、斗式提升机、往复式水泵和压缩机、起重机、磨粉机、冲剪机床、橡胶机械、振动筛、纺织机械、重载输送机	1.2	1.3	1.4	1.4	1.5	1.6
载荷变动很大	破碎机(旋转式、颚式等)、磨碎机、卷扬机、压出机	1.3	1.4	1.5	1.5	1.6	1.6

2. 选定V带型号

根据计算功率和小带轮的转速，按图6-11选择普通V带的型号。

3. 确定带轮的基准直径d_{d1}、d_{d2}

小带轮的直径是一个重要的自选参数，较小的小带轮直径d_{d1}可使传动结构紧凑，但弯曲应力会变大，使带的寿命降低。为了避免产生过大的弯曲应力，在V带传动的设计中应使$d_{d1}\geqslant d_{min}$，d_{min}的值见表6-3。大带轮可按$d_{d2}=n_1 d_{d1}/n_2$计算，并按表6-3的带轮基准直径系列取标准值。

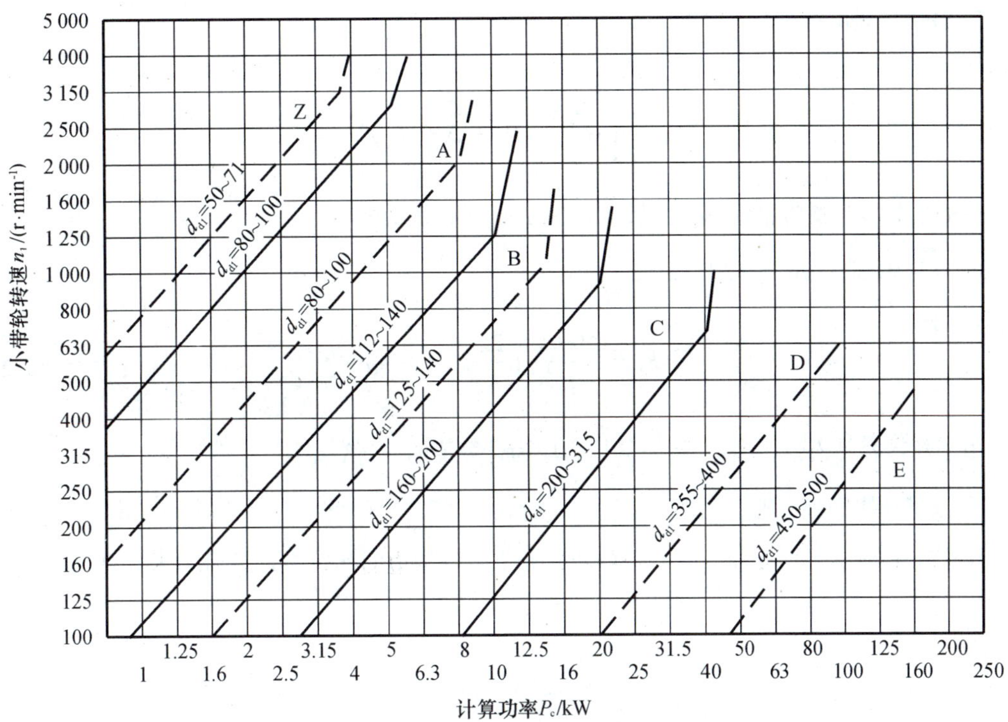

图6-11　带传动工作时的带中应力分布

4. 验算带速

$$v=\frac{\pi d_{d1}n_1}{60\times 1000} \tag{6-18}$$

一般应使v在5~25 m/s的范围内，若v过小，则传递的功率小；若v过大，则离心力大。

5. 确定中心距a和带的基准长度L_d

一般推荐式(6-19)计算中心距

$$0.7(d_{d1}+d_{d2})\leqslant a_0\leqslant 2(d_{d1}+d_{d2}) \tag{6-19}$$

带的基准长度L_0按式(6-20)计算

$$L_0=2a_0+\frac{\pi}{2}(d_{d1}+d_{d2})+\frac{(d_{d2}-d_{d1})^2}{4a_0} \tag{6-20}$$

查表6-2选定与计算值L_0相近的带基准长度L_d的标准值，再按式(6-21)近似计算实际中心距a

$$a\approx a_0+\frac{L_d-L_0}{2} \tag{6-21}$$

6. 验算小带轮包角α_1

$$\alpha_1=180°-\frac{d_{d2}-d_{d1}}{a}\times 57.3° \tag{6-22}$$

一般要求$\alpha_1\geqslant 120°$，若不满足此条件，则可采用适当增大中心距或加装张紧轮等措施。

7. 计算V带的根数z

$$z \geqslant \frac{P_c}{[P_0]} = \frac{P_c}{(P_0 + \Delta P_0)K_\alpha K_L} \tag{6-23}$$

带的根数应圆整为整数，通常以$z = 2$~5为宜，使各带受力均匀。

8. 计算单根V带的初拉力F_0

$$F_0 = \frac{500P_c}{zv}\left(\frac{2.5}{K_\alpha} - 1\right) + qv^2 \tag{6-24}$$

由于新带容易松弛，安装新带时初拉力应为计算值的1.5倍。

9. 计算作用在轴上的压力F_Q

作用在带轮轴上的压力F_Q一般按静止状态下带轮两边的初拉力F_0的合力来计算，如图6-12所示。

$$F_Q = 2zF_0\sin\frac{\alpha_1}{2} \tag{6-25}$$

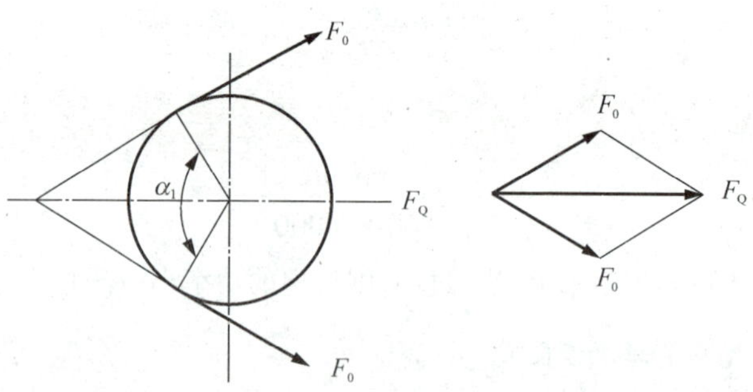

图6-12　带轮压轴力

例6-1 设计一带式输送机的普通V带传动。原动机为Y112M-4异步电动机，其额定功率P=4 kW，满载转速n_1=1 440 r/min，从动轮转速n_2=470 r/min，单班制工作，载荷变动较小，要求中心距$a \leqslant 550$ mm。

解 (1)确定计算功率P_c

由表6-7查得K_A=1.1，故

$$P_c = K_A P = 1.1 \times 4 = 4.4(\text{kW})$$

(2)选择带型

根据P_c=4.4 kW和n_1=1 440 r/min，由图6-11初步选定A型V带。

(3)选取带轮基准直径d_{d1}、d_{d2}

由表6-3取d_{d1}=100 mm，则大带轮基准直径d_{d2}为

$$d_{d2} = \frac{n_1}{n_2}d_{d1} = \frac{1440}{470} \times 100 = 306(\text{mm})$$

由表6-3取基准直径系列值，d_{d2}=315 mm，则实际传动比、从动轮的实际转速分别为

$$i = \frac{d_{d2}}{d_{d1}} = \frac{315}{100} = 3.15$$

$$n_2' = \frac{n_1}{i} = \frac{1\,440}{3.15} \approx 457(\text{r/min})$$

从动轮的转速误差率为

$$\frac{457 - 470}{470} \times 100\% \approx -2.8\%$$

误差率在±5%之内，符合要求。

(4)验算带速v

$$v = \frac{\pi d_{d1} n_1}{60 \times 1000} \approx \frac{3.14 \times 100 \times 1\,440}{60 \times 1000} = 7.54(\text{m/s})$$

$5 < v < 25$，满足要求。

(5)确定中心距a和带的基准长度L_d

由式(6-19)，初定中心距为a_0=450 mm，由式(6-20)，带的基准长度为

$$\begin{aligned} L_0 &= 2a_0 + \frac{\pi}{2}(d_{d1} + d_{d2}) + \frac{(d_{d2} - d_{d1})^2}{4a_0} \\ &= 2 \times 450 + \frac{3.14}{2} \times (100 + 315) + \frac{(315 - 100)^2}{4 \times 450} \\ &= 1578(\text{mm}) \end{aligned}$$

由表6-2查得A型带基准长度L_d=1 600 mm，计算实际中心距为

$$a \approx a_0 + \frac{L_d - L_0}{2} = 450 + \frac{1600 - 1578}{2} = 481(\text{mm})$$

取a=460 mm。

(6)验算小带轮包角α_1

$$\alpha_1 = 180° - \frac{d_{d2} - d_{d1}}{a} \times 57.3° = 180° - \frac{315 - 100}{460} \times 57.3° \approx 153.2° > 120°$$

$\alpha_1 \geqslant 120°$符合要求。

(7)计算V带的根数z

$$z \geqslant \frac{P_c}{[P_0]} = \frac{P_c}{(P_0 + \Delta P_0)K_\alpha K_L} = \frac{4.4}{(1.32 + 0.17) \times 0.926 \times 0.99} = 3.22$$

取z=4。

(8)计算单根V带的初拉力F_0

$$F_0 = \frac{500P_c}{zv}\left(\frac{2.5}{K_\alpha} - 1\right) + qv^2 \approx 130(\text{N})$$

(9)计算作用在轴上的压力F_Q

$$F_Q = 2zF_0 \sin\frac{\alpha_1}{2} = 1\,009(\text{N})$$

6.4 V带轮的设计

V带轮结构如图6-13所示，常用铸铁制造，有时也采用钢或非金属材料（塑料、木材）。铸铁带轮（HT150、HT200）允许的最大圆周速度为25 m/s。速度更高时，可采用铸钢或钢板冲压后焊接。塑料带轮的重量轻、摩擦系数大，常用于机床中。

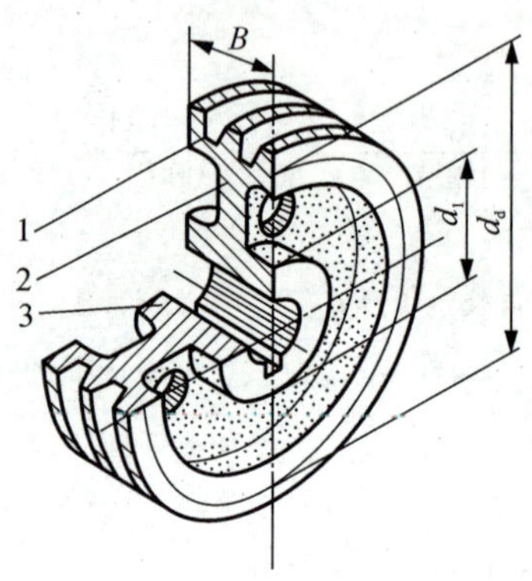

1—轮像；2—轮辐；3—轮毂

图6-13 V带轮结构

V带轮的典型结构有四种，如图6-14所示。带轮直径较小时可采用实心式，中等直径的带轮可采用腹板式，为了减轻质量可以选择孔板式，直径大于350 mm时可采用轮辐式。各种型号V带轮的轮缘宽B、轮毂孔径d，和轮毂长L的尺寸，可查阅机械设计手册。

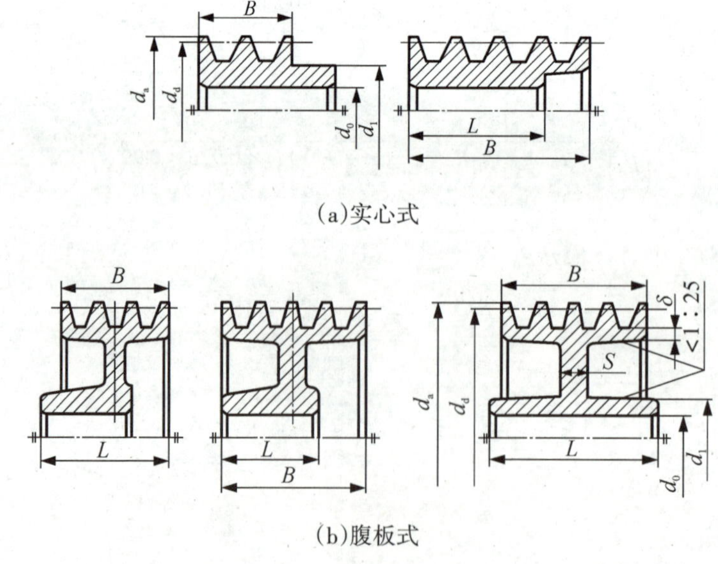

图6-14 V带轮的典型结构

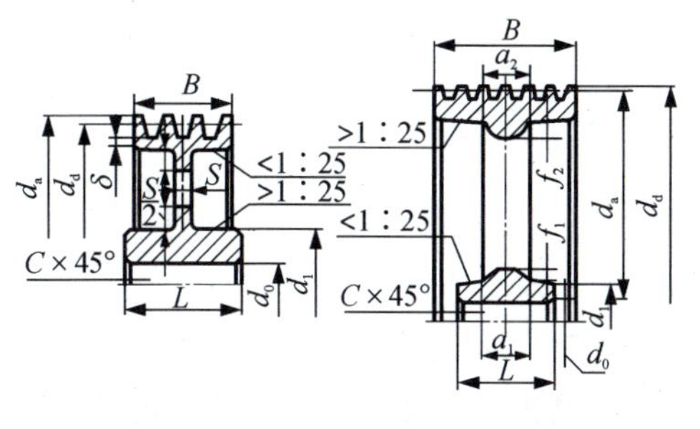

(c)孔板式

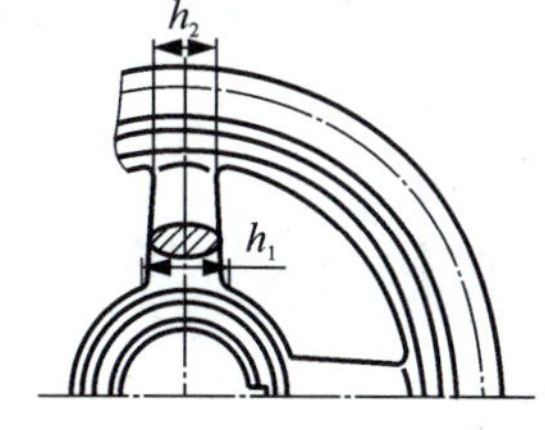

(d)轮辐式

图6-14(续)

V带轮的轮缘截面尺寸见表6-1。需要注意的是，安装前V带的楔角为40°，带安装在带轮上后，V带在带轮槽中会产生横向弯曲，截面形状发生变化，顶胶层受拉伸而变窄，底胶层受压缩而变宽。因此带的楔角变小，使带楔紧在带轮槽中，且带轮基准越小，这种变化越显著。所以，为保证变形后V带仍能够与带轮的两侧面很好地接触，带轮的槽角一般小于带的楔角，一般为32°、34°、36°和38°，V带轮的轮槽尺寸见表6-8。

表6-8　V带轮的轮槽尺寸

项目	符号	槽型						
		Y	Z/SPZ	A/SPA	B/SPB	C/SPC	D	E
基准宽度/mm	b_d	5.3	8.5	11.0	14.0	19.0	27.0	32.0
基准线上槽深/mm	$(h_a)_{min}$	1.6	2.0	2.7	3.5	4.8	8.1	9.6
基准线下槽深/mm	$(h_f)_{min}$	4.7	7.0	8.7	10.8	14.3	19.9	23.4
槽间距/mm	e	8±0.3	12±0.3	15±0.3	19±0.4	25.5±0.5	37±0.6	44.5±0.7
槽边距/mm	f_{min}	6	7	9	11.5	16	23	28
最小轮缘厚/mm	δ_{min}	5	5.5	6	7.5	10	12	15
带轮宽/mm	B	$B=(z-1)e+2f$						
外径/mm	d_a	$d_a=d_d+2h_a$						
轮槽角 φ 32°	相应的基准直径 d_d/mm	≤60	—	—	—	—	—	—
轮槽角 φ 34°	相应的基准直径 d_d/mm	—	≤80	≤118	≤190	≤315	—	—
轮槽角 φ 36°	相应的基准直径 d_d/mm	>60	—	—	—	—	≤475	≤600
轮槽角 φ 38°	相应的基准直径 d_d/mm	—	>80	>118	>190	>315	>475	>600
轮槽角 φ	偏差	±30′						

6.5 带传动的张紧和维护

6.5.1 V带传动的张紧

V带传动运转一段时间以后，会因为带的塑性变形和磨损而松弛。为了保证带传动正常工作，应定期检查带的松弛程度，采取相应的补救措施。常见的张紧方式有以下几种。

1. 定期张紧方式

定期张紧方式指定期调整中心距以恢复张紧力。常见的有滑道式[图6-15(a)]和摆架式[图6-15(b)]，通过调整螺钉从而调节中心距使带得到张紧，其中滑道式适用于水平或接近水平布置的传动，摆架式适用于垂直或接近垂直布置的传动。

2. 自动张紧装置

自动张紧装置如图6-15(c)所示，将装有带轮的电动机安装在浮动的摆架上，利用电动机的自重，使带轮随同电动机绕固定轴摆动，以自动保持初拉力。

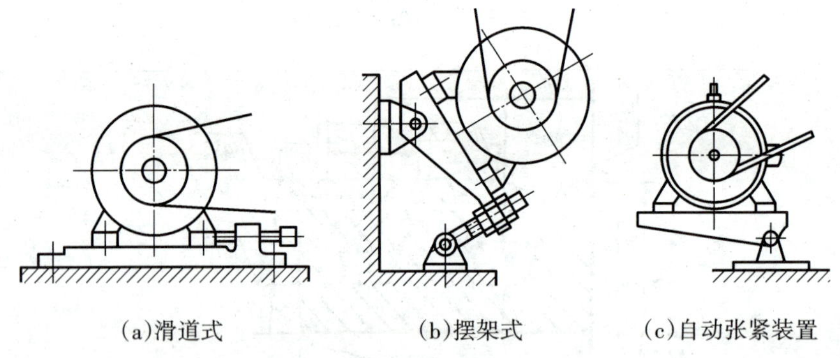

(a)滑道式　(b)摆架式　(c)自动张紧装置

图6-15　V带轮的张紧

3. 采用张紧轮的张紧装置

当中心距不能调节时，可采用张紧轮将带张紧，如图6-16所示。设置张紧轮应注意如下几点：①张紧轮一般应放在松边的内侧，使带只受单向弯曲；②张紧轮应尽量靠近大带轮，以免减少带在小带轮上的包角；③张紧轮的轮槽尺寸应与带轮的轮槽尺寸相同，且直径小于小带轮的直径。

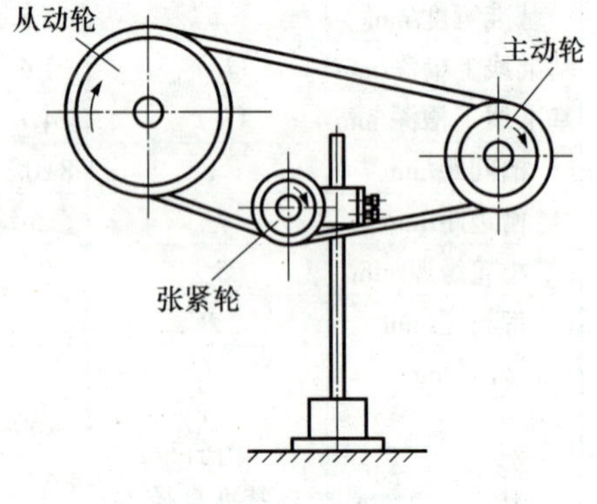

图6-16　张紧轮装置

6.5.2 V带的安装与防护

1. V带安装

V带安装时各带轮的轴线应相互平行，各带轮相对应的V型槽的对称平面应重合，误差不得超过20′。多根V带传动时，为避免每根V带的载荷分布不均，带的配组公差应在规定的范围内（参见GB/T 13575.1—2008）。

2. V带传动的防护

为安全起见，带传动应置于铁丝网或保护罩之内，不能外露。

第7章

链传动

链传动是由主动链轮、从动链轮和与链轮相啮合的链条组成，如图7-1所示。因链条是刚性挠性件，所以链传动是具有中间挠性件的啮合传动，该传动在机械中应用较广。

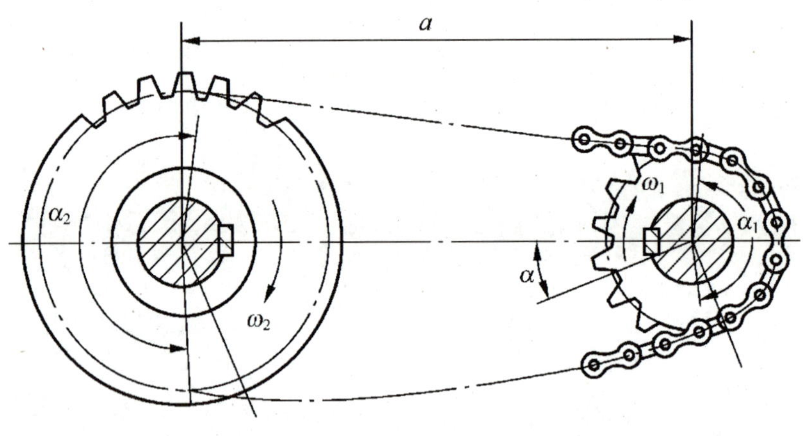

图7-1　链传动

7.1 链传动的类型和特点

7.1.1　链传动的类型

按工作性质不同，链分为传动链、起重链和曳引链。在一般机械传动中，常用传动链，而起重链和曳引链主要用在起重机械和运输机械中。

传动链按传动结构形式主要分为短节距精密滚子链（简称滚子链）、短节距精密套筒链（简称套筒链）、齿形链（又称无声链或成型链）。其中，滚子链应用最广，本章主要介绍滚子链。

7.1.2 链传动的特点

与带传动相比，链传动的优点是：没有弹性滑动和打滑现象，故平均传动比准确；传动效率较高；张紧力小，所以压轴力较小；能在温度高、灰尘多、湿度大及有腐蚀等恶劣条件下工作；工况相同时，链传动的结构较为紧凑。与齿轮传动相比，其优点是：制造安装精度要求低、成本低、适用的中心距范围大（可达十多米）、结构简单、重量轻。

链传动的缺点是：瞬时传动比不恒定，传动不平稳；工作时有噪声；磨损后易发生跳齿；不宜在载荷变化很大和急速反向传动中工作；只适用于平行轴传动。

7.1.3 链传动的应用

链传动广泛用于农业、采矿、冶金、石油化工和起重运输等行业的各种机械中。目前，链传动所能传递的功率可达3 600 kW，常用的在100 kW以下；链速可达30~40 m/s，常用的在15 m/s以下；传动比最大可达15，一般取值小于6，常以2~2.5为宜。

7.2 滚子链与链轮

7.2.1 滚子链的结构

如图7-2所示是单排滚子链的结构，由内链板、外链板、销轴、套筒和滚子组成。内链板与套筒、外链板与销轴之间分别为过盈配合。内、外链板随套筒、销轴做相对运动，且又相对挠曲，滚子则沿链轮齿廓滚动，旨在减少相互之间的摩擦磨损。内、外链板制成“8”字形，以使链板各横截面的抗拉强度相近，又减少链条的重量和惯性力。

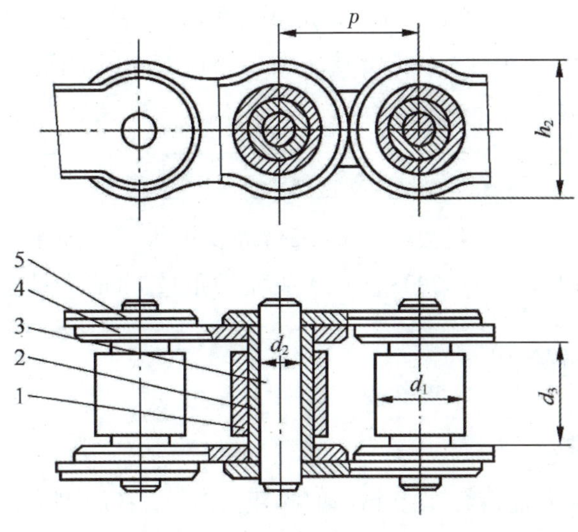

1—滚子；2—套筒；3—销轴；4—内链板；5—外链板

图7-2 单排滚子链的结构

链条长度以节数来表示。链工作时应连接成环形，将偶数节链连接起来的链接头称为连接链节。如图7-3(a)(b)所示。连接链节的形状与外链节相同，为了便于装拆，其中一侧的外链板与销轴为过渡配合，常用开口销、钢丝卡簧或弹簧夹来固定。一般开口销多用于大节距链，弹簧夹用于小节距链。链节为奇数时，必须采用过渡链节连接，如图7-3(c)所示。这种链节的链板工作时因受附加弯曲应力作用，其强度差，所以设计时应尽量选择偶数链节。

链节销轴中心的距离称为节距p，它是链传动中最主要的参数。节距越大，链上各元件尺寸就越大，传递的功率亦越大。当链轮齿数一定时，节距越大，链轮直径就越大。若想传递较大的功率，又不至于使传动的外廓尺寸过大，则可采用小节距的双排链或多排链。多排链是由单排链组合而成，排数越多承载能力就越高。由于制造和装配精度的影响，各排链受力很难一致，故排数一般不超过3排或4排，但可以采用几条双排或三排链用于传递更大的功率。

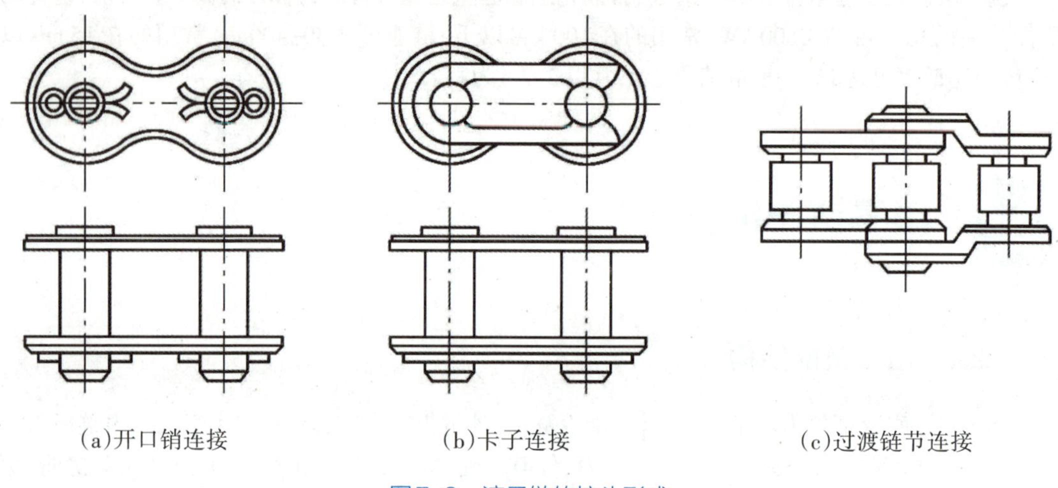

(a)开口销连接　　(b)卡子连接　　(c)过渡链节连接

图7-3　滚子链的接头形式

我国目前使用的滚子链的标准为GB/T 1243—2006，分为A、B两个系列，常用的是A系列。国际上链节距均采用英制单位，我国标准中规定链节距采用米制单位(按转换关系从英制折算成米制)。对应于不同的链节距有不同的链号，用链号乘以25.4/16的商所得的数值即为链节距p(mm)。滚子链的标记为

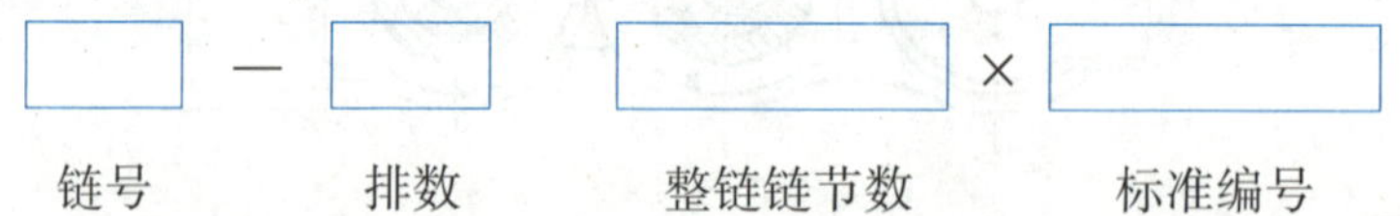

链号　　排数　　整链链节数　　标准编号

例如，08A—1×88 GB/T 1243—2006表示：A系列、节距12.7 mm、单排、88节的滚子链。

7.2.2　滚子链链轮

1. 链轮的基本参数

链轮的基本参数为：链轮齿数z、配用链条的节距p、滚子直径d_1、排距p_t等。

2. 链轮的齿形

链轮的齿形应满足以下条件：保证链条顺利地进入和退出啮合、受力均匀、不易脱链、便于

加工。

在绘制链轮零件工作图时，只画轴向齿形，而不画端面齿形，但必须注明基本参数、主要尺寸等。链轮的端面、轴面齿形如图7-4(a)(b)所示。

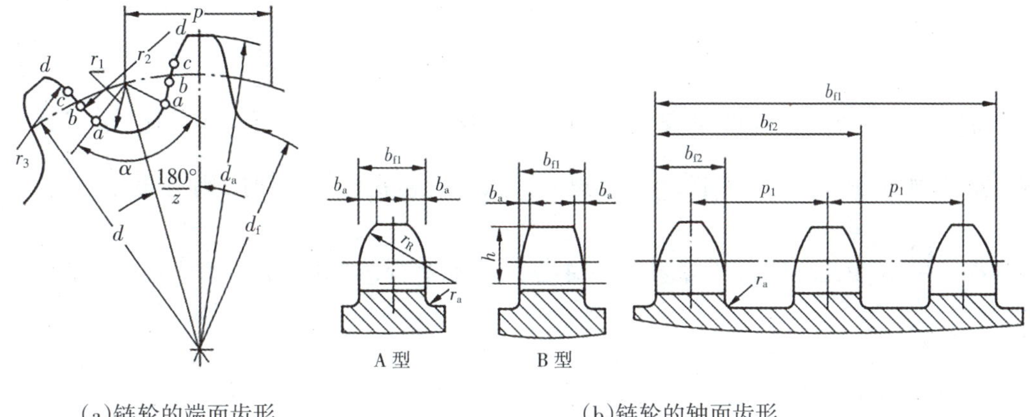

(a)链轮的端面齿形　　(b)链轮的轴面齿形

图7-4　滚子链链轮轴向齿廓

3. 链轮材料的选择

链轮材料的选择原则：既要满足轮齿强度和耐磨性要求，又应有良好的工艺性和合理的价格。因为小链轮轮齿啮合次数比大链轮多，承受的冲击大，所以应使小链轮的材料优于大链轮。

7.3 链传动的运动特性

7.3.1　链传动的运动不均匀性

链与链轮啮合时，链节在链轮上将折成边长为节距、边数为齿数的正多边形的一部分，如图7-5所示。且链轮每转一周，链条转过的长度为pz。设两链轮转速为n_1和n_2，则链速v为

$$v = \frac{pz_1 n_1}{60 \times 1\,000} = \frac{pz_2 n_2}{60 \times 1\,000}$$

链传动的传动比i为

$$i = \frac{n_1}{n_2} = \frac{z_2}{z_1} \tag{7-1}$$

用上述公式计算的链速和传动比均为平均值。由于多边形的影响，即使主动链轮的角速度ω_1为常数，瞬时速度、瞬时传动比和从动链轮的瞬时角速度都将是变化的，其变化周期为节距在链轮上对应的中心角。

如图7-5所示的链传动，链节随链轮转动时，销轴中心沿链轮分度圆运动，销轴中心A在主

动链轮上的圆周速度$v_1 = R_1\omega_1$(R_1为主动链轮分度圆半径)。若链的紧边始终位于水平,v_1的水平分量v即为链速,v_1的垂直分量v_{y1}使链条上下抖动。其计算公式为

$$v = v_1\cos\beta = R_1\omega_1\cos\beta \tag{7-2}$$

$$v_{y1} = v_1\sin\beta = R_1\omega_1\sin\beta \tag{7-3}$$

式中,β为v_1与水平线的夹角,也是链节在啮合时销轴中心A在主动链轮上的相位角。当$\beta = 0°$时,即销轴位于y轴上,则有最大链速$v_{max} = R_1\omega_1$;当$\beta = \pm\dfrac{180°}{z_1}$时,则有最小链速$v_{min} = R_1\omega_1\cos\dfrac{180°}{z_1}$。由此可见,$\omega_1$为常数时,节距越大,齿数越少,$\beta$角的变化范围就越大,链速的变化范围也就越大。

同理,v_{y1}在垂直方向上也在做周期性变化。由于v和v_{y1}的周期性变化,致使链传动不平稳,并产生有规律的振动。

任一瞬时的链速,不但能用主动链轮上的参数描述,也可以用从动链轮上的参数表示,则有

$$v = R_1\omega_1\cos\beta = R_2\omega_2\cos\gamma \tag{7-4}$$

据此,链传动的瞬时传动比可由下式计算

$$i = \frac{\omega_1}{\omega_2} = \frac{R_2\cos\gamma}{R_1\cos\beta} \tag{7-5}$$

由式(7-5)可知,瞬时传动比随着相位角β和γ的变化而变化,只有当分度圆半径$R_1 = R_2$,即齿数$z_1 = z_2$,且中心距a为节距p的整数倍时,相位角β和γ才会时时相等,传动比i才能恒等于1,从动轮角速度ω_2才为常数。

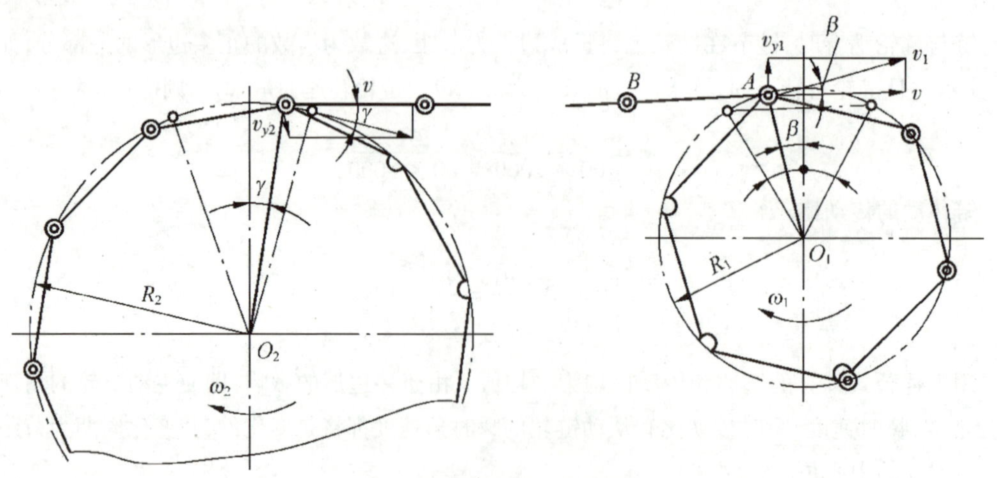

图7-5　链传动的运动分析

7.3.2 链传动的载荷

在链传动中，链条和从动链轮做变速运动，从而产生附加动载荷，导致链节与链轮啮合时产生冲击。

链条和从动链轮产生的动载荷为

$$F_{d1} = M\frac{dv}{dt} \tag{7-6}$$

$$F_{d2} = \frac{J}{R_2}\frac{d\omega_2}{dt} \tag{7-7}$$

链条与链轮啮合时的冲击动能E为

$$E \approx \frac{1}{2}mv_0^2 \tag{7-8}$$

式中，M为紧边链条的质量，kg；m为链节的质量，kg；J为从动系统转化到从动链轮轴上的转动惯量，$kg\cdot m^2$。

综上所述，在链传动中，链条与链轮啮合时呈现正多边形，致使链速和瞬时传动比发生周期性变化，则传动不平稳，产生动载荷，从而链节与链轮啮合的瞬间出现冲击和噪声。这是链传动的固有特性，称为链传动的多边形效应。若想减少多边形效应的影响，设计时应合理地选择基本参数和转速。

7.4 链传动的布置、张紧与润滑

7.4.1 链传动的布置

链传动的布置是否合理，对其工作能力、使用寿命都有较大的影响。一般分为水平布置、倾斜布置、垂直布置三种，如图7-6所示。链传动的合理布置的原则有以下三个方面：

(1)为保证链传动的正确啮合，两链轮应位于同一铅垂面内，且两轴线平行。

(2)两链轮中心线最好水平布置或使其与水平线夹角$\varphi \leqslant 45°$，尽量避免$\varphi = 90°$。

(3)一般链传动的紧边在上，松边在下，以免松边在上时下垂量过大而阻碍链轮的顺利运转。

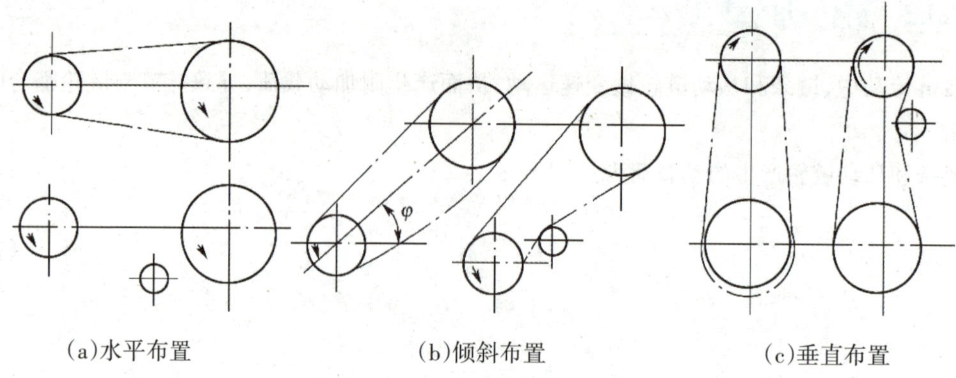

图7-6　链传动的布置

7.4.2　链传动的张紧

链传动张紧的目的主要是为了增大链条与链轮的包角和避免因链条垂度过大而产生啮合不良及振动现象。当两链轮中心连线与水平线夹角$\varphi>60°$时，通常设置张紧装置。常用的张紧方法有以下两种：

(1)调整中心距，此方法与带传动的张紧方法相同。

(2)安装张紧装置，当两链轮中心距不可调时应采用此方法。张紧轮直径应稍小于小链轮直径，并将张紧轮安装在松边靠小链轮一侧。张紧轮可用链轮也可用滚轮还可用托板。当链传动为双向传动时，应在两边都设置张紧装置。

7.4.3　链传动的润滑

润滑可以减少链传动的磨损，有利于缓和链节与链轮轮齿间的冲击。为了提高链传动的使用寿命，必须保证其具有良好的润滑条件，并合理地选择润滑剂，具体的润滑装置如图7-7所示。润滑方式可根据链速和链节距按图7-8选择。

(a)人工定期润滑

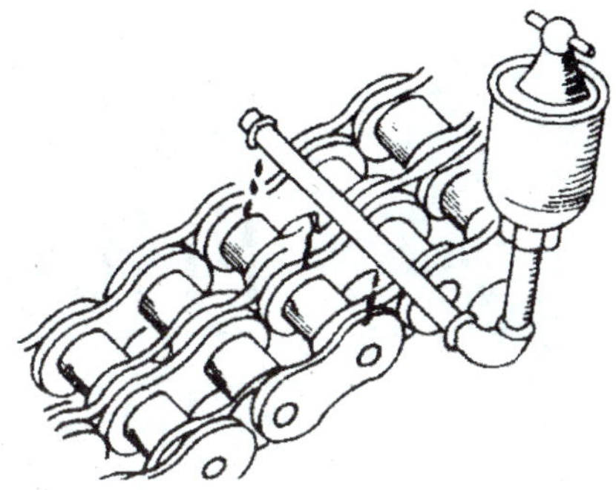

(b)滴油润滑

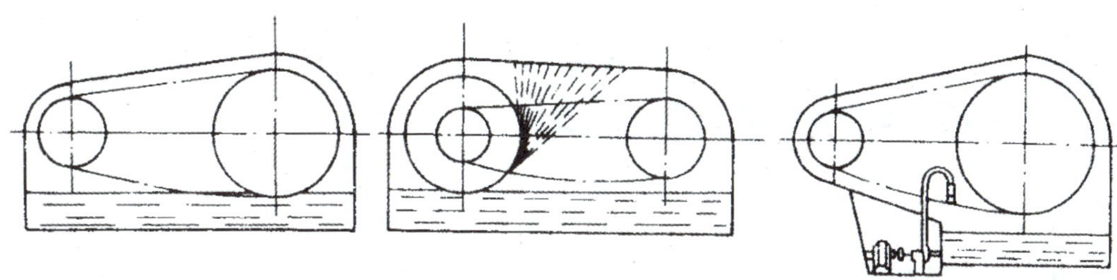

(c)油浴润滑　　(d)飞溅润滑　　(e)压力喷油润滑

图7-7　链传动的润滑

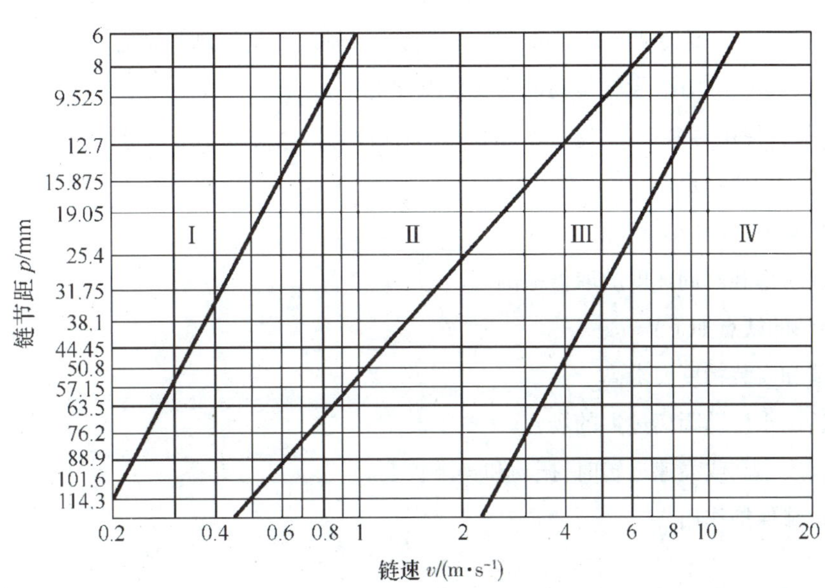

Ⅰ—人工定期润滑；Ⅱ—滴油润滑；Ⅲ—油浴或飞溅润滑；Ⅳ—压力喷油润滑

图7-8　推荐的润滑方式

第8章

齿轮传动

8.1 齿轮传动的特点及分类

8.1.1 齿轮传动的特点

齿轮传动的应用非常广泛,随着科学技术的进步,齿轮传动的精度和强度已经大幅度地提高。根据现有文献,齿轮传动的传递功率可达10^5 kW,圆周速度可达300 m/s,齿轮直径也能达到152.3 m。齿轮传动主要的功能是通过啮合方式传递两轴之间的运动和动力。

与其他机械传动相比,齿轮传动的主要优点如下:

(1)效率高、使用寿命长、工作可靠,如一级圆柱齿轮传动的效率可达99%。

(2)瞬时传动比稳定。

(3)结构紧凑,尺寸小。

(4)传递功率和圆周速度的取值范围广。

齿轮传动的缺点如下:

(1)制造和安装精度要求高。

(2)不适用于传动距离过大的场合。

(3)当精度不高或高速运转时,振动和噪声较大。

(4)无过载保护作用。

8.1.2 齿轮传动的分类

齿轮机构的类型很多。根据一对齿轮在啮合过程中其瞬时传动比($i_{12}=\omega_1/\omega_2$)是否恒定,将齿轮机构分为圆形($i_{12}=$常数)齿轮机构和非圆($i_{12}\neq$常数)齿轮机构。应用最广泛的是圆形齿轮机构,而非圆齿轮机构则用于一些有特殊要求的机械中。本章只研究圆形齿轮机构。

依据齿轮两轴间相对位置的不同,圆形齿轮机构又可分为如下几类。

1. 用于平行轴间传动的齿轮机构

图8-1所示为用于平行轴间传动的齿轮机构。其中,图8-1(a)为外啮合齿轮机构,两轮转向相反;图8-1(b)为内啮合齿轮机构,两轮转向相同;图8-1(c)为齿轮齿条机构,齿条做直线移动。图8-1(a)(b)(c)中各轮齿的齿向与齿轮轴线的方向一致,称为直齿轮。图8-1(d)中的轮齿的齿向相对于齿轮的轴线倾斜了一个角度,称为斜齿轮。图8-1(e)为人字齿外啮合机构齿轮,它可视为由螺旋角方向相反的两个斜齿轮所组成。

(a)外啮合齿轮机构

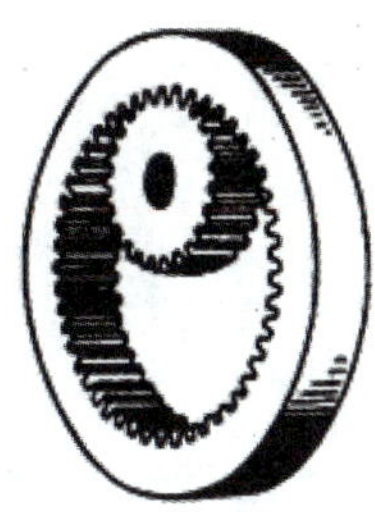
(b)内啮合齿轮机构

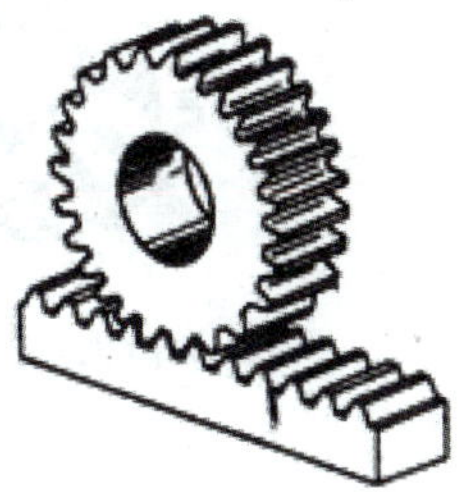
(c)齿轮齿条机构

(d)斜齿外啮合齿轮机构

(e)人字齿外啮合齿轮机构

图8-1 平行轴间传动的齿轮机构

2. 用于相交轴间传动的齿轮机构

图8-2所示为用于相交轴间传动的锥齿轮机构。它有直齿[图8-2(a)]和斜齿[图8-2(b)]之分。直齿锥齿轮应用最广,而斜齿锥齿轮由于其传动平稳,承载能力高,常用于高速、重载传动中,如汽车、拖拉机、飞机等的传动。

(a)直齿锥齿轮机构

(b)斜齿锥齿轮机构

图8-2 相交轴间传动的锥齿轮机构

3. 用于交错轴间传动的齿轮机构

图8-3所示为用于交错轴间传动的齿轮机构。图8-3(a)为交错轴斜齿轮机构,图8-3(b)为蜗杆机构。

(a)交错轴斜齿轮机构

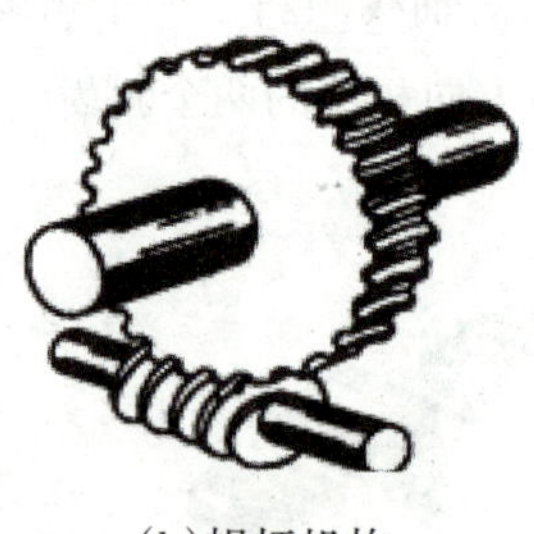

(b)蜗杆机构

图8-3　交错轴间传动的齿轮机构

8.2 齿轮的齿廓曲线

对齿轮整周传动而言,不论两齿轮的齿形如何,其平均传动比总等于齿数的反比,即

$$i_{12}=\frac{n_1}{n_2}=\frac{z_2}{z_1} \tag{8-1}$$

但其瞬时传动比却与齿廓的形状有关。

8.2.1 齿廓啮合基本定律

图8-4所示为一对相互啮合传动的齿轮。两齿轮轮齿的齿廓C_1、C_2在某一点K接触,设两齿廓上点K处的线速度分别为v_1、v_2。要使这一对齿廓能够通过接触而传动,它们沿接触点的公法线方向的分速度应相等,否则两齿廓将不是彼此分离就是相互嵌入,而不能达到正常传动的目的。两齿廓接触点间的相对速度v_{21}只能沿两齿廓接触点处的公切线方向。

由瞬心的概念可知,两啮合齿廓在接触点处的公法线n与两齿轮连心线O_1O_2的交点P即为两齿轮的相对瞬心,故两齿轮此时的传动比为

$$i_{12}=\frac{\omega_1}{\omega_2}=\frac{\overline{O_2P}}{\overline{O_1P}} \tag{8-2}$$

式(8-2)表明,相互啮合传动的一对齿轮,在任一位置时的传动比,都与其连心线O_1O_2被其啮合齿廓在接触点处的公法线所分成的两线段长成反比。这一规律称为齿廓啮合基本定律。根据这一定律可知,齿轮的瞬时传动比与齿廓形状有关,可根据齿廓曲线来确定齿轮的传动比;反

之，也可以根据给定的传动比来确定齿廓曲线。

齿廓公法线n与两齿轮连心线O_1O_2的交点P称为节点。若要求两齿轮的传动比为常数，则应使$\overline{O_2P}/\overline{O_1P}$为常数。若齿轮轴心$O_1$、$O_2$为定点，则点$P$在连心线上也应为一定点。故两齿轮做定传动比传动的条件是：不论两齿轮齿廓在何位置接触，过接触点所作的两齿廓公法线与两齿轮的连心线交于一定点。

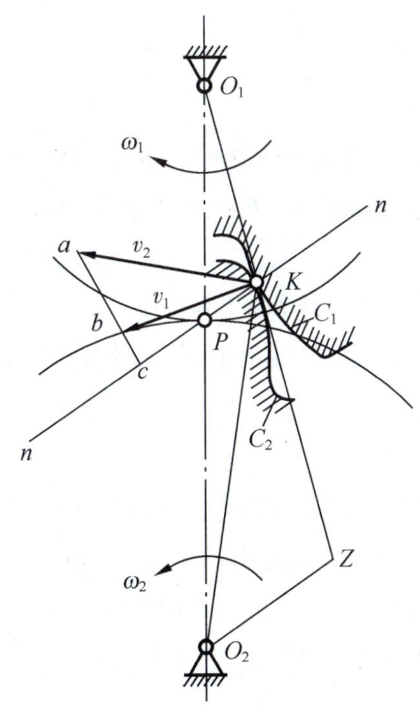

图8-4　一对相互啮合传动的齿轮

由于两齿轮做定传动比传动时，节点P为连心线上的一个定点，故点P在齿轮1的运动平面（与齿轮1相固连的平面）上的轨迹是一个以点O_1为圆心、$\overline{O_1P}$为半径的圆。同理，点P在齿轮2的运动平面上的轨迹是一个以点O_2为圆心、$\overline{O_2P}$为半径的圆。这两个圆分别称为齿轮1与齿轮2的节圆。由上述可知，两齿轮的节圆相切于点P，且在点P速度相等，即在传动过程中，两齿轮的节圆做纯滚动。

当要求两齿轮做变传动比传动时，节点P就不再是连心线上的一个定点，而是按传动比的变化规律在连心线上移动。这时，点P在齿轮1、齿轮2运动平面上的轨迹也就不是圆，而是一条非圆曲线，称为节线，两个非圆齿轮的节线为椭圆。

8.2.2　齿廓曲线的选择

凡能按预定传动比规律相互啮合传动的一对齿廓称为共轭齿廓。一般来说，对于预定的传动比，只要给出其中一个齿轮的齿廓曲线，就可根据齿廓啮合基本定律求出与其啮合传动的另一齿轮的共扼齿廓曲线。因此，能满足一定传动比规律的共扼齿廓曲线是很多的。但是在生产实践中，选择齿廓曲线时，不仅要满足传动比的要求，还必须从设计、制造、安装和使用等多方面予以综合考虑。对于定传动比传动的齿轮来说，目前最常用的齿廓曲线是渐开线，其次是摆线和变态摆线，近年来还有圆弧齿廓和抛物线齿廓等。

由于渐开线齿廓具有良好的传动性能，而且便于制造、安装、测量和互换使用。因此，它的应用最为广泛。本章着重介绍渐开线齿廓的齿轮。

8.2.3 渐开线齿廓及其啮合特点

1. 渐开线的形成及其特性

如图8-5所示，当直线BK沿一圆周做纯滚动时，直线上任意点K的轨迹AK就是该圆的渐开线。该圆称为渐开线的基圆，它的半径用r_b表示，直线BK称为渐开线的发生线，角θ_K称为渐开线上点K的展角。

根据渐开线的形成过程，可知渐开线具有下列特性：

(1)发生线$\overline{BK}$长度等于基圆上被滚过的弧长$\overset{\frown}{AB}$，即$\overline{BK}=\overset{\frown}{AB}$。

(2)发生线$\overline{BK}$即为渐开线在点K的法线，又因发生线恒切于基圆，故知渐开线上任意点的法线恒与其基圆相切。

(3)发生线与基圆的切点B也是渐开线在点K处的曲率中心，线段$\overline{BK}$就是渐开线在点K处的曲率半径。故渐开线愈接近基圆部分的曲率半径愈小。在基圆上其曲率半径为零。

(4)渐开线的形状取决于基圆的大小。如图8-6所示，在展角相同处，基圆半径愈大，其渐开线的曲率半径也愈大。当基圆半径为无穷大时，其渐开线就变成一条直线，故齿条的齿廓曲线为直线。

(5)基圆以内无渐开线。

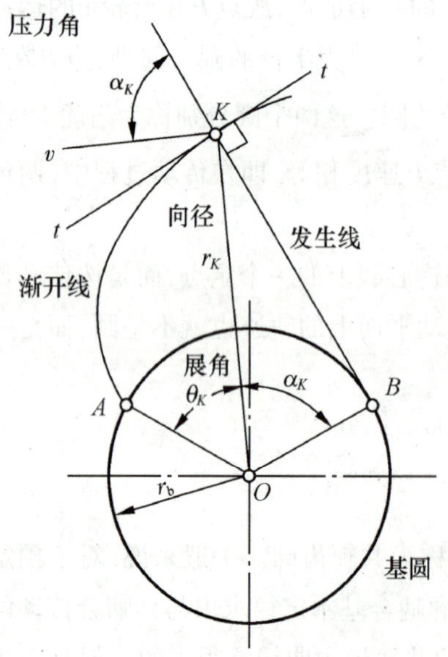

图8-5 渐开线齿廓特性

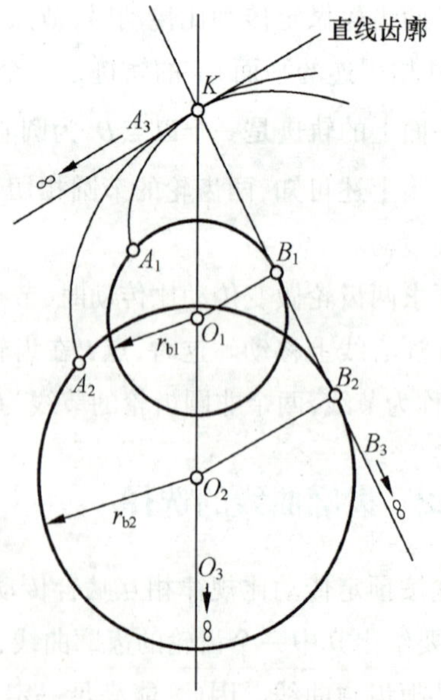

图8-6 渐开线形状与基圆大小的关系

2. 渐开线方程式及渐开线函数

在图8-5中，设r_K为渐开线在任意点K的向径。当此渐开线与其共轭齿廓在点K啮合时，此齿廓在该点所受正压力的方向(法线方向)与该点的速度方向(v_K方向)之间所夹的锐角α_K，称为渐开线在该点的压力角。由$\triangle BOK$可见

$$\cos\alpha_K = r_b / r_K$$

又因

$$\tan\alpha_K = \frac{\overline{BK}}{r_b} = \frac{\overset{\frown}{AB}}{r_b} = \frac{r_b(\alpha_K + \theta_K)}{r_b} = \alpha_K + \theta_K \tag{8-3}$$

故得

$$\theta_K = \tan\alpha_K - \alpha_K \tag{8-4}$$

由式(8-4)可知，展角θ_K是压力角α_K的函数，称其为渐开线函数。用$\mathrm{inv}\alpha_K$来表示，即

$$\mathrm{inv}\alpha_K = \theta_K = \tan\alpha_K - \alpha_K \tag{8-5}$$

所以得渐开线的极坐标方程式为

$$r_K = \frac{r_b}{\cos\alpha_K} \tag{8-6}$$

$$\theta_K = \mathrm{inv}\alpha_K = \tan\alpha_K - \alpha_K \tag{8-7}$$

3. 渐开线齿廓的啮合特点

(1)能保证定传动比传动且具有可分性。设C_1、C_2为相互啮合的一对渐开线齿廓，如图8-7所示，它们的基圆半径分别为r_{b1}、r_{b2}。当C_1、C_2在任意点K啮合时，过点K所作这对齿廓的公法线为N_1N_2。根据渐开线的特性可知，此公法线必同时与两轮的基圆相切。

由图8-7可知，$\triangle O_1N_1P$与$\triangle O_2N_2P$相似，故两齿轮的传动比可写成

$$i_{12} = \frac{\omega_1}{\omega_2} = \frac{\overline{O_2P}}{\overline{O_1P}} = \frac{r_{b2}}{r_{b1}} \tag{8-8}$$

对于每一个具体齿轮来说，其基圆半径为常数，两齿轮基圆半径的比值为定值，故渐开线齿轮能保证定传动比传动。

渐开线齿轮的基圆半径不会因齿轮位置的移动而改变，而当两齿轮的实际安装中心距与设计中心距略有变动时，不会影响两齿轮的传动比，渐开线齿廓传动的这一特性称为传动的可分性。这一特性对于渐开线齿轮的装配和使用都是十分有利的。

(2)渐开线齿廓之间的正压力方向不变。既然一对渐开线齿廓在任何位置啮合时，过接触点的公法线都是同一条直线N_1N_2，这就说明一对渐开线齿廓从开始啮合到脱离接触，所有的啮合点均在该直线上。故直线N_1N_2是齿廓接触点在固定平面中的轨迹，称其为啮合线。

在齿轮传动过程中，两啮合齿廓间的正压力始终沿啮合线方向，故其传力方向不变，这对于齿轮传动的平稳性是有利的。由于渐开线齿廓还有加工刀具简单、工艺成熟等优点，故其应用特别广泛。

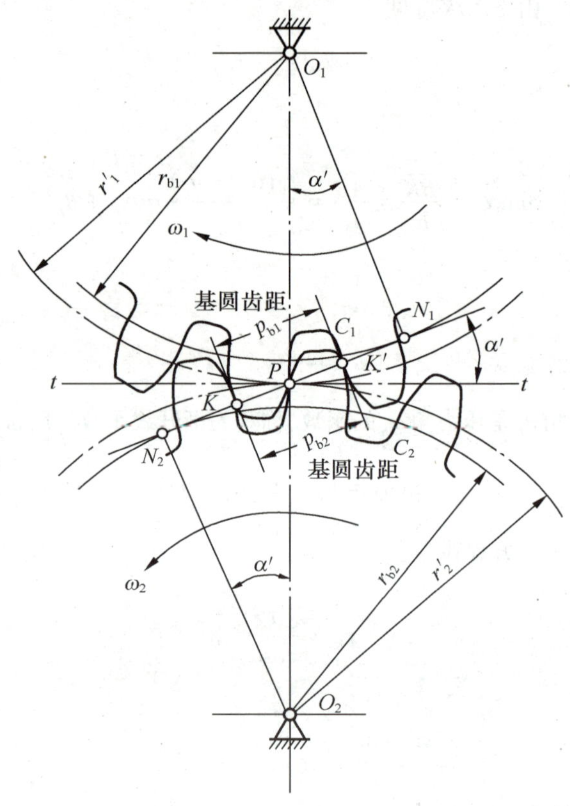

图8-7　渐开线齿廓啮合

8.3 渐开线标准齿轮基本参数及几何尺寸

8.3.1 齿轮各部分的名称和符号

图8-8为一标准直齿圆柱外齿轮的一部分。过轮齿顶端所作的圆称为齿顶圆，其半径用r_a表示；过轮齿槽底所作的圆称为齿根圆，其半径用r_f表示；沿任意圆周所量得的轮齿的弧线厚度称为该圆周上的齿厚，以s_i表示；相邻两轮齿之间的齿槽沿任意圆周所量得的弧线宽度称为该圆周上的齿槽宽，以e_i表示；沿任意圆周所量得的相邻两齿上同侧齿廓之间的弧长称为该圆周上的齿距，以p_i表示。在同一圆周上，齿距等于齿厚与齿槽宽之和，即

$$p_i = s_i + e_i \tag{8-9}$$

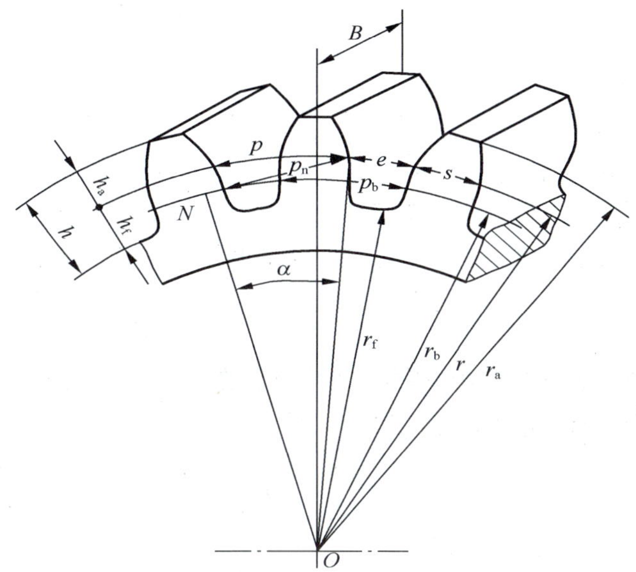

图8-8　标准直齿圆柱外齿轮各部分的名称和符号

为了便于计算齿轮各部分的尺寸，在齿轮上选择一个圆作为尺寸计算的基准，称该圆为齿轮的分度圆，其半径、齿厚、齿槽宽和齿距分别以r、s、e和p表示。轮齿介于分度圆与齿顶圆之间的部分称为齿顶，其径向高度称为齿顶高，以h_a表示；介于分度圆与齿根圆之间的部分称为齿根，其径向高度称为齿根高，以h_f表示。齿顶高与齿根高之和称为齿全高，以h表示，显然

$$h = h_a + h_f \tag{8-10}$$

8.3.2　渐开线齿轮的基本参数

1. 齿数

齿数是指齿轮在整个圆周上轮齿的总数，用z表示。

2. 模数

模数是齿轮的一个重要参数，用m表示，模数的定义为齿距p与π的比值，即

$$m = \frac{p}{\pi} \tag{8-11}$$

故齿轮的分度圆直径d可表示为

$$d = mz \tag{8-12}$$

模数m已经标准化了，表8-1为国家标准GB/T 1357—2008所规定的标准模数系列。在设计齿轮时，若无特殊需要，应选用标准模数。

表8-1 圆柱齿轮标准模数系列表

单位:mm

系列	模数
第一系列	0.12 0.15 0.2 0.25 0.32 0.4 0.5 0.6 0.8 1 1.25 1.5 2 2.5 3 4 5 6 8 10 12 16 20 25 32 40 50
第二系列	0.35 0.7 0.9 1.75 2.25 2.75 (3.25) 3.5 (3.75) 4.5 5.5 (6.5) 7 9 (11) 14 18 22 28 (30) 36 45

注:选用模数时,应优先采用第一系列,其次是第二系列,括号内的模数尽可能不用。

3. 分度圆压力角

同一渐开线齿廓上各点的压力角不同。通常所说的齿轮压力角是指其在分度圆上的压力角,以α表示。根据渐开线与压力角关系式有

$$\alpha = \arccos\frac{r_b}{r} \tag{8-13}$$

$$r_b = r\cos\alpha = \frac{zm}{2}\cos\alpha \tag{8-14}$$

压力角是决定齿廓形状的主要参数。国家标准中规定,分度圆上的压力角为标准值,$\alpha = 20°$。在一些特殊场合,α也允许采用其他值。

8.3.3 渐开线齿轮各部分的几何尺寸

为了便于计算和设计,现将渐开线标准直齿圆柱齿轮传动几何尺寸的计算公式列于表8-2中。这里所说的标准齿轮是指m、α、h_a^*、c^*均为标准值,而且$e = s$的齿轮。

表8-2 渐开线标准直齿圆柱齿轮传动几何尺寸的计算公式

名称	代号	计算公式	
		小齿轮	大齿轮
模数	m	(根据齿轮受力情况和结构需要确定,选取标准值)	
压力角	α	选取标准值	
分度圆直径	d	$d_1 = mz_1$	$d_2 = mz_2$
齿顶高	h_a	$h_{a1} = h_{a2} = h_a^* m$	
齿根高	h_f	$h_{f1} = h_{f2} = (h_a^* + c^*)m$	
齿全高	h	$h_1 = h_2 = (2h_a^* + c^*)m$	
齿顶圆直径	d_a	$d_{a1} = (z_1 + 2h_a^*)m$	$d_{a2} = (z_2 + 2h_a^*)m$
齿根圆直径	d_f	$d_{f1} = (z_1 - 2h_a^* - 2c^*)m$	$d_{f2} = (z_2 - 2h_a^* - 2c^*)m$
基圆直径	d_b	$d_{b1} = d_1\cos\alpha$	$d_{b2} = d_2\cos\alpha$
齿距	p	$p = \pi m$	
基圆齿距(法向齿距)	p_b	$p_b = p\cos\alpha$	
齿厚	s	$s = \pi m/2$	

续表

名称	代号	计算公式	
		小齿轮	大齿轮
齿槽宽	e	$e = \pi m/2$	
任意圆(半径为r_i)齿厚	s_i	$s_i = sr_i/r - 2r_i(\text{inv}\alpha_i - \text{inv}\alpha)$	
顶隙	c	$c = c^* m$	
标准中心距	a	$\alpha = m(z_1 + z_2)/2$	
节圆直径	d'	$d' = d$(当中心距为标准中心距a时)	
传动比	i	$i_{12} = \omega_1/\omega_2 = z_2/z_1 = d'_2/d'_1 = d_2/d_1 = d_{b2}/d_{b1}$	

注:h_a^* 为齿顶高系数(=1),c^* 为顶隙系数(=0.25)。

8.3.4 齿条和内齿轮的尺寸

1. 齿条

齿条的各部分名称和符号如图8-9所示,齿条与齿轮相比有以下三个主要特点:

(1)齿条相当于齿数无穷多的齿轮,故齿轮中的圆在齿条中都变成了直线,即齿顶线、分度线、齿根线等。

(2)齿条的齿廓是直线,所以齿廓上各点的法线是平行的,又由于齿条做直线移动,故其齿廓上各点的压力角相同,并等于齿廓直线的齿形角α。

(3)齿条上各同侧齿廓是平行的,所以在与分度线平行的各直线上其齿距相等,即$p_i = p = \pi m$。

齿条的基本尺寸可参照外齿轮的计算公式进行计算。

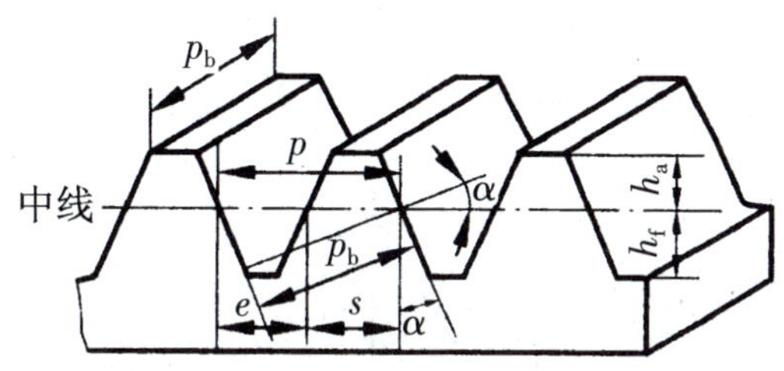

图8-9 齿条的各部分名称和符号

2. 内齿轮

图8-10所示为一内齿圆柱齿轮。它的轮齿分布在空心圆柱体的内表面上,内齿轮与外齿轮相比有下列不同点:

(1)内齿轮的轮齿相当于外齿轮的齿槽,内齿轮的齿槽相当于外齿轮的轮齿。

(2)内齿轮的齿根圆大于齿顶圆。

(3)为了使内齿轮齿顶的齿廓全部为渐开线,其齿顶圆必须大于基圆。

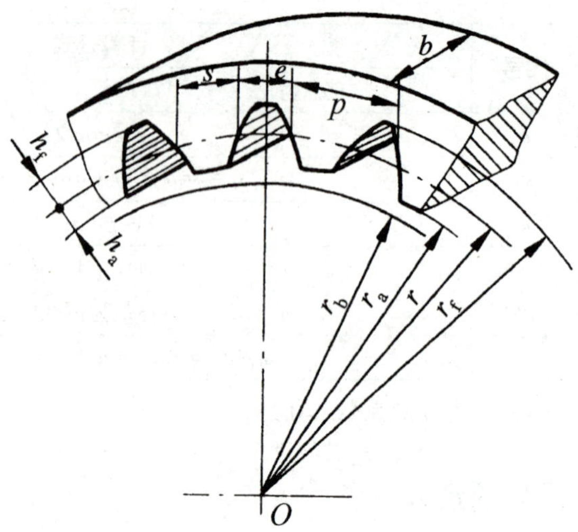

图8-10　内齿轮各部分的名称和符号

8.4 渐开线标准直齿圆柱齿轮的啮合传动

8.4.1　一对渐开线齿轮正确啮合的条件

渐开线齿廓能够满足定传动比传动，但这不等于说任意两个渐开线齿轮都能搭配起来正确地啮合传动。一对渐开线齿轮要正确啮合，还必须满足一定的条件。现就图8-11加以说明。

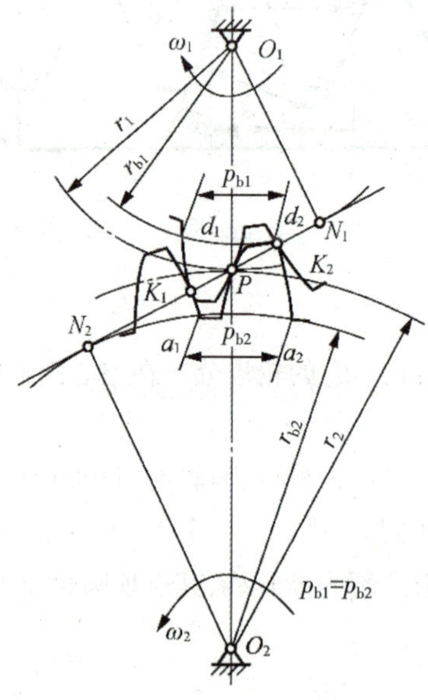

图8-11　渐开线齿轮正确啮合条件

由8.2节可知，一对渐开线齿轮在传动时，它们的齿廓啮合点都应位于啮合线N_1N_2上。因此要使齿轮能正确啮合传动，应使处于啮合线上的各对轮齿都能同时进入啮合，故有两齿轮的法向齿距应相等，即

$$p_{b1}=\pi m_1\cos\alpha_1=p_{b2}=\pi m_2\cos\alpha_2$$

也即

$$m_1\cos\alpha_1=m_2\cos\alpha_2$$

式中，m_1、m_2及α_1、α_2分别为两齿轮的模数和压力角。由于模数和压力角均已标准化，为满足上式应使$m_1=m_2=m$，$\alpha_1=\alpha_2=\alpha$，故一对渐开线齿轮正确啮合的条件是两齿轮的模数和压力角应分别相等。

8.4.2 齿轮传动的中心距及啮合角

齿轮传动中心距的变化虽然不影响传动比，但会改变顶隙和齿侧间隙的大小。在确定其中心距时，应满足以下两点要求：

1. 保证两轮的顶隙为标准值

在一对齿轮传动时，为了避免一个齿轮的齿顶与另一个齿轮的齿槽底部及齿根过渡曲线部分相抵触，同时为了保证二者间有一定空隙以便储存润滑油，故在一个齿轮的齿顶圆与另一轮的齿根圆之间留有一定的间隙，称为顶隙。顶隙的标准值为$c=c^*m$。对于图8-12所示的标准齿轮外啮合传动，当顶隙为标准值时，两轮的中心距应为

$$\begin{aligned}a&=r_{a1}+c+r_{f2}=(r_1+h_a^*m)+c^*m+(r_2-h_a^*m-c^*m)\\&=r_1+r_2=m(z_1+z_2)/2\end{aligned}\tag{8-15}$$

即两轮的中心距应等于两轮分度圆半径之和，此中心距称为标准中心距。

2. 保证两轮的理论齿侧间隙为零

虽然在实际齿轮传动中，在两轮的非工作齿侧间总要留有一定的齿侧间隙。但齿侧间隙一般都很小，由制造公差来保证。故在计算齿轮的名义尺寸和中心距时，都是按齿侧间隙为零来考虑的。欲使一对齿轮在传动时其齿侧间隙为零，需使一个齿轮在节圆上的齿厚等于另一个齿轮在节圆上的齿槽宽。

由于一对齿轮啮合时两轮的节圆总是相切的，而当两轮按标准中心距安装时，两轮的分度圆也是相切的，即$r_1'+r_2'=r_1+r_2$。又因$i_{12}=r_2'/r_1'=r_2/r_1$，故此时两轮的节圆分别与其分度圆相重合。由于分度圆上的齿厚与齿槽宽相等。因此有$s_1'=e_1'=s_2'=e_2'=\pi m/2$，故标准齿轮在按标准中心距安装时无齿侧间隙。

两齿轮在啮合传动时，其节点P的圆周速度方向与啮合线N_1N_2之间所夹的锐角，称为啮合角，通常用α'表示。由此定义可知，啮合角等于节圆压力角。当两轮按标准中心距安装时，啮合角也等于分度圆压力角，如图8-12所示。

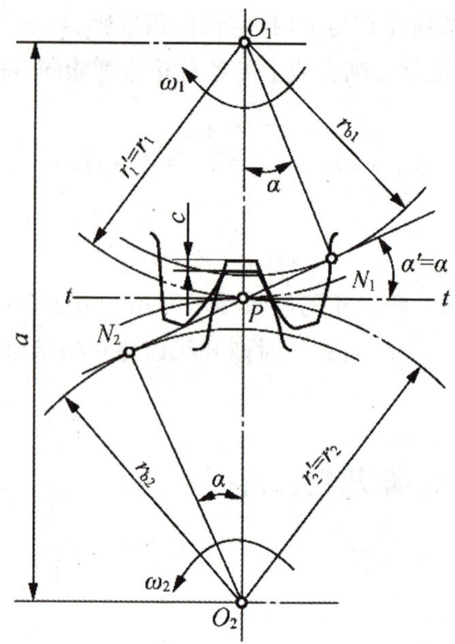

图8-12 标准齿轮外啮合传动的中心距及啮合角

8.4.3 一对轮齿的啮合过程及连续传动条件

图8-13所示为一对渐开线直齿圆柱齿轮传动。设轮1为主动轮，沿顺时针方向回转，轮2为从动轮。直线N_1N_2为啮合线。现分析其轮齿的啮合过程。

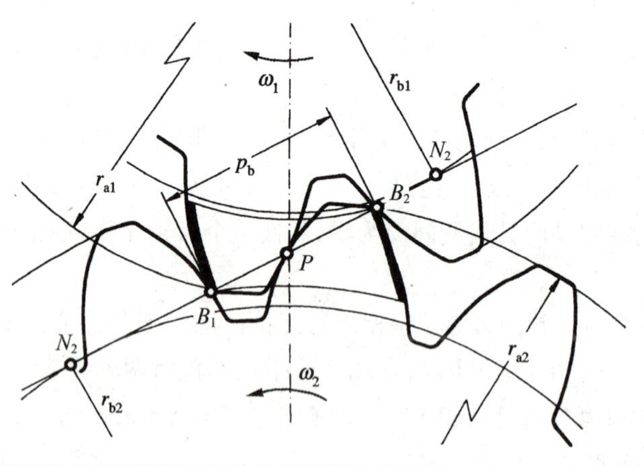

图8-13 一对渐开线直齿圆柱齿轮传动

如图8-13所示，两轮轮齿在点B_2(从动轮2的齿顶圆与啮合线N_1N_2的交点)开始进入啮合。随着传动的进行，两齿廓的啮合点将沿着啮合线向左下方移动，当啮合进行到点B_1(主动轮1的齿顶圆与啮合线N_1N_2的交点)时，两轮齿即将脱离啮合。故一对轮齿的啮合过程，实际所走过的轨迹只是啮合线N_1N_2上的$\overline{B_1B_2}$一段，称之为实际啮合线段，因基圆以内没有渐开线，故啮合线N_1N_2是理论上可能达到的最长啮合线段，称之为理论啮合线段，而点N_1、N_2称为啮合极限点。

由此可见，一对轮齿啮合传动的区间是有限的。所以，为了两齿轮能够连续地传动，必须保证在前一对轮齿尚未脱离啮合时，后一对轮齿能及时进入啮合。为达此目的，要求实际啮合线段长$\overline{B_1B_2}$应大于齿轮的法向齿距p_b。$\overline{B_1B_2}$与p_b的比值ε_α称为齿轮传动的重合度，为了确保齿轮传动的连续性，应使ε_α值大于或等于许用值$[\varepsilon_\alpha]$，即

$$\varepsilon_\alpha = \frac{\overline{B_1B_2}}{p_b} \geqslant [\varepsilon_\alpha] \tag{8-16}$$

许用值$[\varepsilon_\alpha]$的推荐值见表8-3。

表8-3　$[\varepsilon_\alpha]$的推荐值

使用场合	一般机械制造业	汽车拖拉机	金属切削机床
$[\varepsilon_\alpha]$	1.4	1.1~1.2	1.3

重合度ε_α的计算(图8-14)，由图8-14不难推得

$$\varepsilon_\alpha = [z_1(\tan\alpha_{a1} - \tan\alpha') + z_2(\tan\alpha_{a2} - \tan\alpha')]/2\pi \tag{8-17}$$

式中，α'为啮合角，z_1、z_2及α_{a1}、α_{a2}分别为齿轮1、2的齿数及齿顶圆压力角。

重合度的大小表示同时参与啮合的轮齿对数的平均值。重合度大，意味着同时参与啮合的轮齿对数多，对提高齿轮传动的平稳性和承载能力都有重要意义。

重合度ε_α与模数m无关，而是随着齿数z的增多而加大，对于按标准中心距安装的标准齿轮传动，当两轮的齿数趋于无穷大时的极限重合度$(\varepsilon_\alpha)_{max} = 1.981$。重合度$\varepsilon_\alpha$还随着啮合角$\alpha'$的减小和齿顶高系数$h_a^*$的增大而增大。

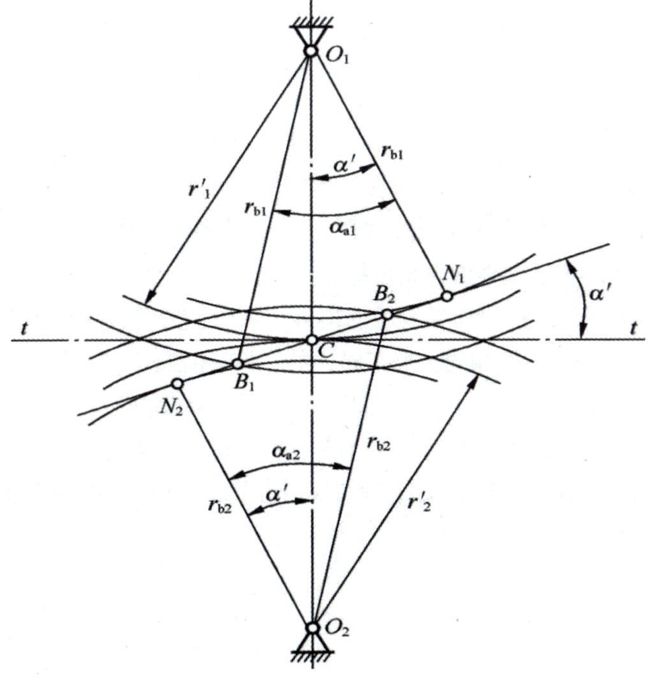

图8-14　重合度ε_α的计算

8.5 渐开线齿轮的切齿原理及根切现象

8.5.1 齿廓切齿的基本原理

近代齿轮加工的方法有很多,如铸造、模锻、冷轧、热轧、切削加工等,最常用的是切削加工法。就其原理来说,切削加工法又可分为仿形法和范成法两种。

仿形法是在铣床上采用刀刃形状与被切齿轮的齿槽两侧齿廓形状相同的铣刀逐个齿槽进行切制的方法。这种方法生产效率低,被切齿轮精度差,适合于精度要求不高或大模数的单件齿轮加工,如图8-15所示。

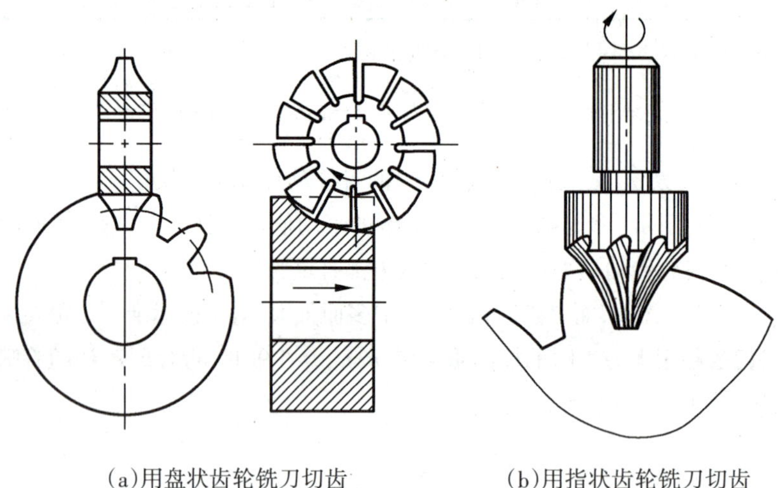

(a)用盘状齿轮铣刀切齿　(b)用指状齿轮铣刀切齿

图8-15　仿形法加工齿轮

范成法亦称展成法,是目前齿轮加工中最常用的一种方法,如插齿、滚齿、磨齿等都属于这种方法。范成法是利用齿廓啮合基本定律来切制齿廓的。假想将一对相啮合的齿轮(或齿轮与齿条)之一作为刀具,而另一个作为轮坯,并使两者仍按原传动比传动,同时刀具做切削运动,则在轮坯上便可加工出与刀具齿廓共扼的齿轮齿廓。

图8-16(a)所示为用齿轮插刀加工齿轮的情形。齿轮插刀可视为一个具有刀刃的外齿轮,其模数和压力角均与被加工齿轮相同。加工时,插刀沿轮坯轴线方向做往复切削运动,同时,插刀与轮坯按恒定的传动比$i=\omega_{刀}/\omega_{坯}=z_{坯}/z_{刀}$做范成运动。在切削之初,插刀还需向轮坯中心做径向进给运动,以便切出轮齿的高度。此外,为防止插刀向上退刀时擦伤已切好的齿面,轮坯还需做小距离的让刀运动。这样,刀具的渐开线齿廓就在轮坯上切出与其共扼的渐开线齿廓,如图8-16(b)所示。

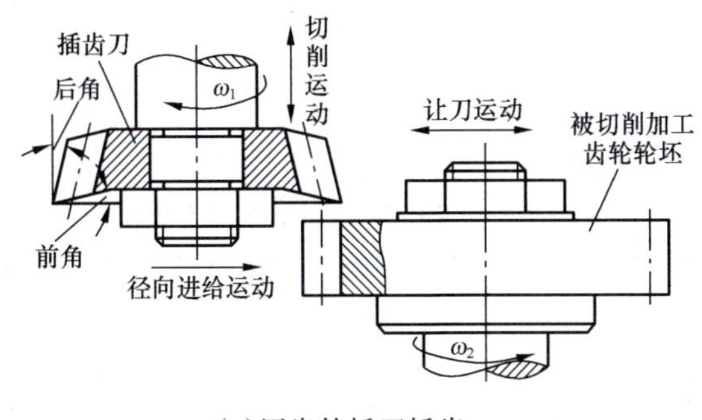

(a)用齿轮插刀插齿

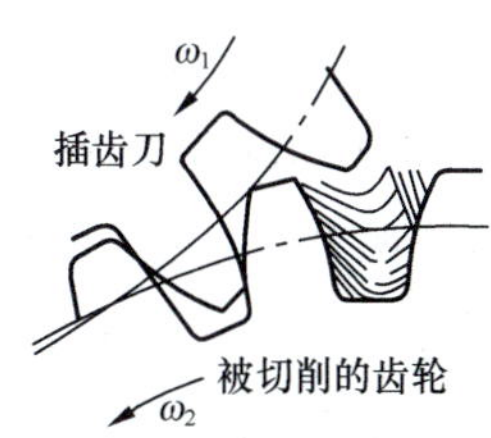

(b)渐开线齿廓形成原理

图8-16 范成法加工齿轮

图8-17所示为用齿条插刀加工齿轮的情形。加工时，轮坯以角速度ω转动，齿条插刀以速度$v = r\omega$移动，即范成运动，式中r为被加工齿轮的分度圆半径。其切齿原理与用齿轮插刀切齿的原理相似。

不论用齿轮插刀还是齿条插刀加工齿轮，其切削都是不连续的，这就影响了生产率的提高。因此，在生产中更广泛地采用齿轮滚刀来加工齿轮，如图8-18所示。

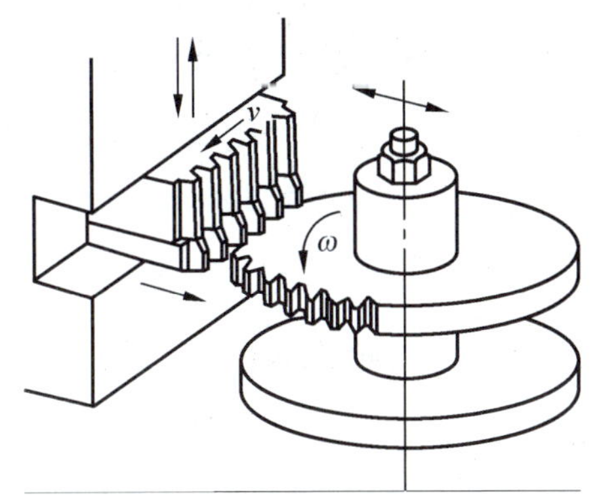

图8-17 齿条插刀加工齿轮

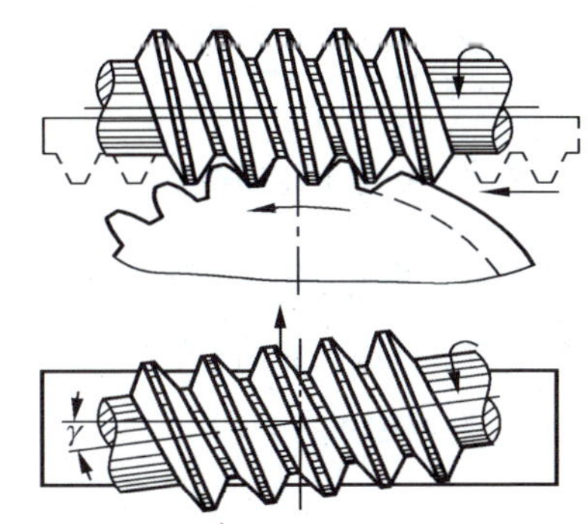

图8-18 齿轮滚刀加工齿轮

滚刀的形状为一开有刀口的螺旋。在用滚刀来加工直齿轮时，滚刀的轴线与轮坯端面之间的夹角应等于滚刀的导程角γ。这样，在切削啮合处滚刀螺纹的切线方向恰与轮坯的齿向相同。而滚刀在轮坯端面上的投影相当于一个齿条。滚刀转动时，一方面产生切削运动，另一方面相当于齿条在移动，从而与轮坯转动一起构成范成运动。故用滚刀切制齿轮的原理与用齿条插刀加工齿轮的原理相似，只不过用滚刀的螺旋运动代替了插刀的切削运动和范成运动。此外，为了切制具有一定轴向宽度的齿轮，滚刀还需沿轮坯轴线方向做缓慢的进给运动。

用范成法加工齿轮时，只要刀具的模数、压力角与被切齿轮的模数、压力角分别相等，则无论被加工齿轮的齿数多少，都可用同一把刀具来加工。由于范成法生产效率高，加工的齿轮精度好，所以应用广泛。

8.5.2 渐开线齿廓的根切现象

1. 根切现象

用范成法切制齿轮时，有时刀具的顶部会过多地切入轮齿根部，因而将齿根的渐开线切去一部分，这种现象称为齿轮的根切，如图8-19所示。发生严重根切的齿轮，轮齿的抗弯强度降低，对传动不利。因此应避免严重根切的发生。

经过分析证明，用范成法切削齿轮时，若刀具的齿顶线或齿顶圆与啮合线的交点B超过被加工齿轮的啮合极限点N_1时就会产生根切，如图8-20所示。

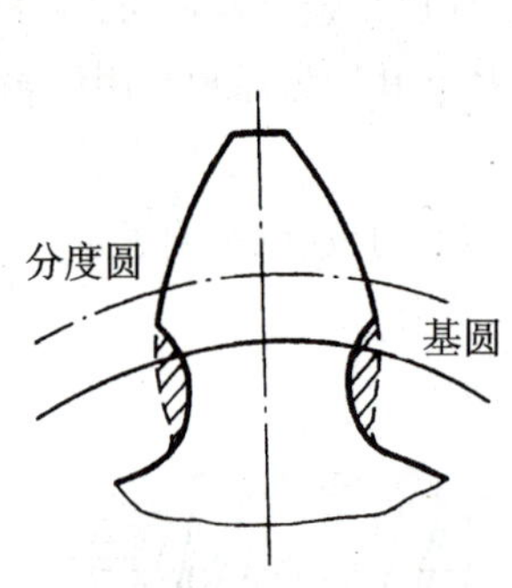

图8-19 齿轮根切现象

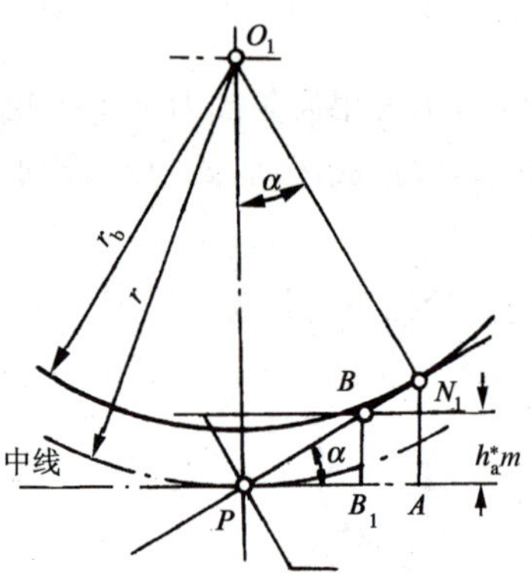

图8-20 齿轮避免根切的条件

2. 标准齿轮不发生根切的最少齿数

用齿条型刀具切削齿轮时，若要不产生根切，则必须使刀具齿顶线与啮合线的交点B不超过啮合极限点N_1，即应使$\overline{N_1A} \geqslant \overline{BB_1}$。

$$\overline{N_1A} = \overline{PN_1}\sin\alpha = r\sin^2\alpha = \frac{1}{2}mz\sin^2\alpha \tag{8-18}$$

$$\overline{BB_1} = h_a^* m \tag{8-19}$$

$$\frac{1}{2}mz\sin^2\alpha \geqslant h_a^* m \tag{8-20}$$

所以，不产生根切的最少齿数

$$z_{\min} = \frac{2h_a^*}{\sin^2\alpha} \tag{8-21}$$

当$\alpha = 20°$，$h_a^* = 1$时，$z_{\min} = 17$；当$\alpha = 20°$，$h_a^* = 0.8$时，$z_{\min} = 14$。

8.6 齿轮传动的失效形式与设计准则

8.6.1 齿轮传动的失效形式

齿轮传动就装置形式来说，有开式、半开式及闭式之分；就使用情况来说，有低速、高速及轻载、重载之别；就齿轮材料的性能及热处理工艺的不同，轮齿有较脆（如经整体淬火，齿面硬度很高的钢齿轮或铸铁齿轮）或较韧（如经调质、常化的优质碳钢及合金钢齿轮），齿面有较硬（齿轮工作面的硬度大于350 HBS或38 HRC，并称为硬齿面齿轮）或较软（齿轮工作面的硬度小于或等于350 HBS或38 HRC，并称为软齿面齿轮）的差别等：由于上述条件的不同，齿轮传动也就出现了不同的失效形式。一般地说，齿轮传动的失效主要是轮齿的失效，而轮齿的失效形式又是多种多样的。这里只就较为常见的轮齿折断和工作齿面磨损、点蚀、胶合及塑性变形等略做介绍，其余的轮齿失效形式请参看有关资料。至于齿轮的其他部分（如齿圈、轮辐、轮毂等），除了对齿轮的质量大小需加严格限制外，通常均按经验设计，所定的尺寸对齿轮的强度及刚度来说均较富裕，实践中也极少失效。

1. 轮齿折断

轮齿折断有多种形式，在正常工况下，主要是齿根弯曲疲劳折断。因为在轮齿受载时，齿根处产生的弯曲应力最大，再加上齿根过渡部分的截面突变及加工刀痕等引起的应力集中作用，当轮齿重复受载后，齿根处就会产生疲劳裂纹，并逐步扩展，致使轮齿疲劳折断。

此外，在轮齿受到突然过载时，也可能出现过载折断或剪断；在轮齿经过严重磨损后齿厚过分减薄时，也会在正常载荷作用下发生折断，如图8-21所示。

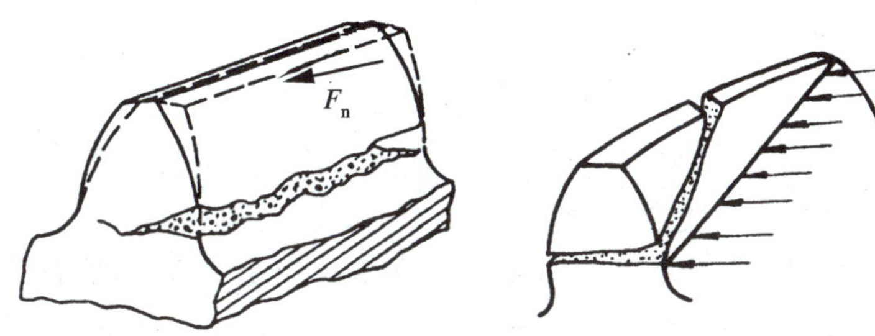

图8-21 轮齿折断

在斜齿圆柱齿轮（简称斜齿轮）传动中，轮齿工作面上的接触线为一斜线，轮齿受载后，如有载荷集中时，就会发生局部折断。若制造及安装不良或轴的弯曲变形过大，轮齿局部受载过大时，即使是直齿圆柱齿轮（简称直齿轮），也会发生局部折断。

为了提高轮齿的抗折断能力，可采取下列措施：

(1)用增大齿根过渡圆角半径及消除加工刀痕的方法来减小齿根的应力集中。

(2)增大轴及支承的刚性，使轮齿接触线上受载较为均匀。

(3)采用合适的热处理方法使齿芯材料具有足够的韧性。

(4)采用喷丸、滚压等工艺措施对齿根表层进行强化处理。

2. 齿面磨损

在齿轮传动中,齿面随着工作条件的不同会出现多种不同形式的磨损。例如,当啮合齿面间落入磨料性物质(如砂粒、铁屑等)时,齿面即被逐渐磨损而致报废。这种磨损称为磨粒磨损,它是开式齿轮传动的主要失效形式之一。改用闭式齿轮传动是避免齿面磨粒磨损最有效的办法。

3. 齿面点蚀

点蚀是齿面疲劳损伤的现象之一。在润滑良好的闭式齿轮传动中,常见的齿面失效形式多为点蚀。所谓点蚀就是齿面材料在变化的接触应力作用下,由于疲劳而产生的麻点状损伤现象。齿面上最初出现的点蚀仅为针尖大小的麻点,如工作条件未加改善,麻点就会逐渐扩大,甚至数点连成一片,最后形成了明显的齿面损伤,如图8-22所示。

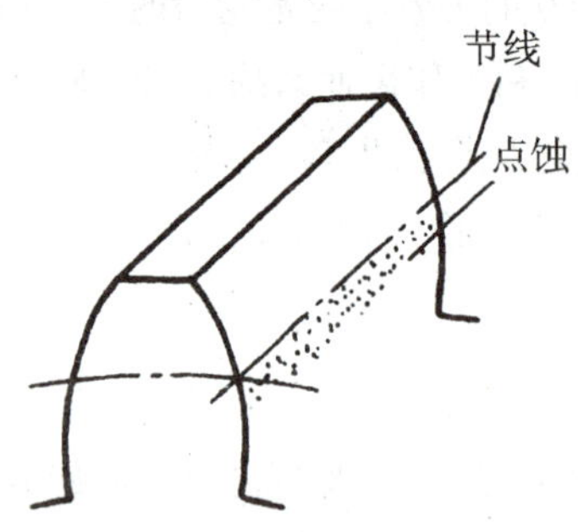

图8-22　齿面点蚀

轮齿在啮合过程中,齿面间的相对滑动起着形成润滑油膜的作用,而且相对滑动速度愈高,愈易在齿面间形成油膜,润滑也就愈好。当轮齿在靠近节线处啮合时,由于相对滑动速度低,形成油膜的条件差,润滑不良,摩擦力较大,特别是直齿轮传动,通常这时只有一对齿啮合,轮齿受力也最大。因此,点蚀也就首先出现在靠近节线的齿根面上,然后再向其他部位扩展。从相对意义上说,也就是靠近节线处的齿根面抵抗点蚀的能力最差(接触疲劳强度最低)。

提高齿轮材料的硬度,可以增强轮齿抗点蚀的能力。在啮合的轮齿间加注润滑油可以减小摩擦,减缓点蚀,延长齿轮的工作寿命,并且在合理的限度内,润滑油的黏度愈高,上述效果也愈好。因为当齿面上出现疲劳裂纹后,润滑油就会浸入裂纹,而且黏度愈低的润滑油,愈易浸入裂纹。润滑油浸入裂纹后,在轮齿啮合时,就有可能在裂纹内受到挤胀,从而加快裂纹的扩展,这是不利之处。对圆周速度不高的齿轮传动,以用黏度高一些的润滑油来润滑为宜;对圆周速度较高的齿轮传动(如速度$v > 12$ m/s),要用喷油润滑(同时还起散热的作用),此时只宜用黏度较低的润滑油。

开式齿轮传动,由于齿面磨损较快,很少出现点蚀。

4. 齿面胶合

对于高速重载的齿轮传动(如航空发动机减速器的主传动齿轮),齿面间的压力大,瞬时温度高,润滑效果差,当瞬时温度过高时,相啮合的两齿面就会发生粘在一起的现象,由于此时两齿面又在做相对滑动,相粘结的部位即被撕破,于是在齿面上沿相对滑动的方向形成伤痕,称为胶合,如图8-23所示。传动时的齿面瞬时温度愈高，相对滑动速度愈大的地方，愈易发生胶合。

有些低速重载的重型齿轮传动，由于齿面间的油膜遭到破坏，也会产生胶合。此时，齿面的瞬时温度并无明显增高，故称为冷胶合。

加强润滑措施、采用抗胶合能力强的润滑油（如硫化油）、在润滑油中加入极压添加剂等，均可防止或减轻齿面的胶合。

5. 塑性变形

塑性变形属于轮齿永久变形的失效形式，它是在过大的应力作用下，轮齿材料处于屈服状态而产生齿面或齿体塑性流动所形成的，如图8-24所示。塑性变形一般发生在硬度较低的齿轮上，但在重载作用下，硬度较高的齿轮上也会出现。

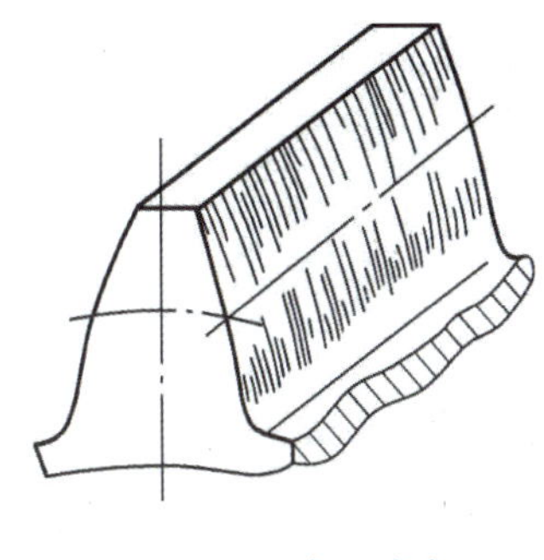

图8-23　齿面胶合

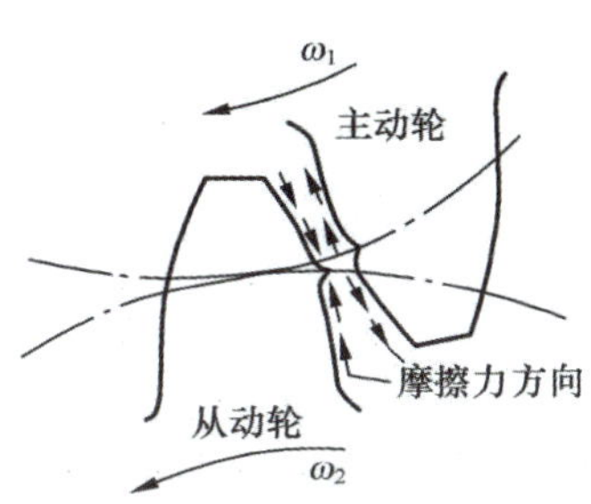

图8-24　塑性变形

塑性变形又分为滚压塑变和锤击塑变。滚压塑变是由啮合轮齿的相互滚压与滑动而引起的材料塑性流动所形成的。由于材料的塑性流动方向和齿面上所受的摩擦力方向一致，所以在主动轮的轮齿上，相对滑动速度为零的节线处将被碾出沟槽，而在从动轮的轮齿上，节线处被挤出脊棱，这种现象称为滚压塑变。锤击塑变是伴有过大的冲击而产生的塑性变形，它的特征是在齿面上出现浅的沟槽，且沟槽的取向与啮合轮齿的接触线相一致。提高轮齿齿面硬度、采用高黏度的或加有极压添加剂的润滑油均有助于减缓或防止轮齿产生塑性变形。

提高轮齿对上述几种失效形式的抵抗能力，除上面所说的办法外，还有减小齿面粗糙度值，适当选配主、从动齿轮的材料及硬度，让齿轮进行适当的磨合（跑合），以及选用合适的润滑剂及润滑方式等方法。

轮齿的失效形式有很多，除上述五种主要形式外，还可能出现过热、侵蚀、电蚀和由于不同原因产生的多种腐蚀与裂纹等形式，可参看有关资料。

8.6.2　齿轮传动的设计准则

由上述分析可知，齿轮传动在具体的工作情况下，必须具有足够的、相应的工作能力，以保证在整个工作寿命期间不致失效。因此，针对上述各种工作情况及失效形式，都应分别确立相应的设计准则。但是对于齿面磨损、塑性变形等，由于尚未建立起广为工程实际使用而且行之有效的计算方法及设计数据，所以目前设计一般使用的齿轮传动时，通常只按保证齿根弯曲疲劳强度及保证齿面接触疲劳强度两准则进行计算。对于高速大功率的齿轮传动（如航空发动机主传动、汽轮发电机组传动等），还要按保证齿面抗胶合能力的准则进行计算。至于齿轮抵抗其他失效的能力，目前虽然一般不进行计算，但应采取相应的措施，以增强轮齿抵抗这些失效的能力。

由实践得知，在闭式齿轮传动中，通常以保证齿面接触疲劳强度为主。但对于齿面硬度很高、齿芯强度又很低的齿轮（如用20、20Cr钢经渗碳后淬火的齿轮）或材质较脆的齿轮，通常则以保证齿根弯曲疲劳强度为主。如果两齿轮均为硬齿面且齿面硬度一样高时，则视具体情况而定。

功率较大的齿轮传动，例如输入功率超过75 kW的闭式齿轮传动，发热量大，易于导致润滑不良及轮齿胶合损伤等，为了控制温升，还应做散热能力计算。

开式（半开式）齿轮传动，按理应根据保证齿面抗磨损及齿根抗折断能力两准则进行计算，但如前所述，对齿面抗磨损能力的计算方法迄今尚不够完善，故对开式（半开式）齿轮传动，目前仅以保证齿根弯曲疲劳强度作为设计准则。为了延长开式（半开式）齿轮传动的寿命，可视具体需要而将所求得的齿轮模数适当增大。

8.7 齿轮的材料及其选择原则

由轮齿的失效形式可知，设计齿轮传动时，应使齿面具有较高的抗磨损、抗点蚀、抗胶合及抗塑性变形的能力，而齿根要有较高的抗折断能力。因此，对齿轮材料性能的基本要求为齿面要硬、齿芯要韧。

8.7.1 常用的齿轮材料

1. 钢

钢材韧性好、耐冲击，还可通过热处理或化学热处理改善其力学性能以提高齿面的硬度，故最适于用来制造齿轮。

（1）锻钢。除尺寸过大或是结构形状复杂只宜铸造外，一般都用锻钢制造齿轮，常用的是含碳量在0.15%~0.6%的碳钢或合金钢。

制造齿轮的锻钢可分为以下两种：

①经热处理后切齿的齿轮所用的锻钢。对于强度、速度及精度都要求不高的齿轮，应采用软齿面（硬度≤350 HBS）以便于切齿，并使刀具不致迅速磨损变钝。因此，应将齿轮毛坯经过常化（正火）或调质处理后切齿，切制后即为成品。其精度一般为8级，精切时可达7级。这类齿轮制造简便、经济、生产率高。

②需进行精加工的齿轮所用的锻钢。高速、重载及精密机器（如精密机床、航空发动机等）所用的主要齿轮传动，除要求齿轮材料性能优良、轮齿具有高强度及齿面具有高硬度（如58~65 HRC）外，还应进行磨齿等精加工。需精加工的齿轮目前多是先切齿，再做表面硬化处理，最后进行精加工，精度可达5级或4级。这类齿轮精度高、价格较贵。所用热处理方法有表面淬火、渗碳、氮化、软氮化及氰化等。所用材料视具体要求及热处理方法而定。

合金钢材根据所含金属的成分及性能，可分别使材料的韧性、耐冲击、耐磨及抗胶合等性能获得提高，也可通过热处理或化学热处理改善材料的力学性能以提高齿面的硬度。所以对于既要求高速、重载，又要求尺寸小、质量小的航空用齿轮，都用性能优良的合金钢（如20CrMnTi、20Gr2Ni4A等）来制造。

由于硬齿面齿轮具有力学性能高、结构尺寸小等优点，因而一些工业发达的国家在一般机械中也普遍采用了中、硬齿面的齿轮传动。

（2）铸钢。铸钢的耐磨性及强度均较好，但应经退火及常化处理，必要时也可进行调质。铸钢常用于制造尺寸较大的齿轮。

2. 铸铁

灰铸铁性质较脆，抗冲击及耐磨性都较差，但抗胶合及抗点蚀的能力较好。灰铸铁齿轮常用于工作平稳、速度较低、功率不大的场合。

3. 非金属材料

对高速、轻载及精度要求不高的齿轮传动，为了降低噪声，常用非金属材料（如夹布塑胶、尼龙等）做小齿轮，大齿轮仍用钢或铸铁制造。为使大齿轮具有足够的抗磨损及抗点蚀的能力，齿面的硬度应为250~350 HBS。

常用的齿轮材料及其力学性能列于表8-4。

表8-4 常用齿轮材料及其力学特性

<table>
<tr><th rowspan="2">材料牌号</th><th rowspan="2">热处理方法</th><th rowspan="2">强度极限
σ_b/MPa</th><th rowspan="2">屈服极限
σ_s/MPa</th><th colspan="2">硬度</th></tr>
<tr><th>齿芯部</th><th>齿面</th></tr>
<tr><td>HT250</td><td rowspan="3">—</td><td>250</td><td rowspan="3">—</td><td colspan="2">170~241 HBS</td></tr>
<tr><td>HT300</td><td>300</td><td colspan="2">187~255 HBS</td></tr>
<tr><td>HT350</td><td>350</td><td colspan="2">197~269 HBS</td></tr>
<tr><td>QT500-5</td><td rowspan="5">常化</td><td>500</td><td rowspan="2">—</td><td colspan="2">147~241 HBS</td></tr>
<tr><td>QT600-2</td><td>600</td><td colspan="2">229~302 HBS</td></tr>
<tr><td>ZG310-570</td><td>580</td><td>320</td><td colspan="2">156~217 HBS</td></tr>
<tr><td>ZG340-640</td><td>650</td><td>350</td><td colspan="2">169~229 HBS</td></tr>
<tr><td>45</td><td>580</td><td>290</td><td colspan="2">162~217 HBS</td></tr>
<tr><td>ZG340-640</td><td rowspan="6">调质</td><td>700</td><td>380</td><td colspan="2">241~269 HBS</td></tr>
<tr><td>45</td><td>650</td><td>360</td><td colspan="2">217~255 HBS</td></tr>
<tr><td>30CrMnSi</td><td>100</td><td>900</td><td colspan="2">310~360 HBS</td></tr>
<tr><td>35SiMn</td><td>750</td><td>450</td><td colspan="2">217~269 HBS</td></tr>
<tr><td>38SiMnMo</td><td>700</td><td>550</td><td colspan="2">217~269 HBS</td></tr>
<tr><td>40Cr</td><td>700</td><td>500</td><td colspan="2">241~286 HBS</td></tr>
<tr><td>45</td><td rowspan="2">调质后表面淬火</td><td>—</td><td>—</td><td>217~255 HBS</td><td>40~50 HRC</td></tr>
<tr><td>40Cr</td><td>—</td><td>—</td><td>241~286 HBS</td><td>45~55 HRC</td></tr>
<tr><td>20Cr</td><td rowspan="4">渗碳后淬火</td><td>650</td><td>400</td><td rowspan="2">300 HBS</td><td rowspan="4">58~62 HRC</td></tr>
<tr><td>20CrMnTi</td><td>1100</td><td>850</td></tr>
<tr><td>12Cr2Ni4</td><td>1100</td><td>850</td><td>320 HBS</td></tr>
<tr><td>20Cr2Ni4</td><td>1200</td><td>1100</td><td>350 HBS</td></tr>
</table>

续表

材料牌号	热处理方法	强度极限 σ_b/MPa	屈服极限 σ_s/MPa	硬度	
				齿芯部	齿面
35CrAlA	调质后氮化(氮化层厚δ≥0.3、0.5 mm)	950	750	255~321 HBS	> 850 HV
38CrMoAlA		1000	850		
夹布塑胶	—	100	—	25~35 HBS	

注:40Cr钢可用40MnB或40MnVB钢代替,20Cr、20CrMnTi钢可用20Mn2B或20MnVB钢代替。

8.7.2 齿轮材料的选择原则

齿轮材料的种类很多,在选择时应考虑的因素也很多,下述几点可供选择材料时参考:

(1)齿轮材料必须满足工作条件的要求。例如,用于飞行器上的齿轮,要满足质量小、传递功率大和可靠性高的要求,因此必须选择力学性能高的合金钢;矿山机械中的齿轮传动,一般功率很大、工作速度较低,周围环境中粉尘含量极高,因此往往选择铸钢或铸铁等材料;家用及办公用机械的功率很小,但要求传动平稳、低噪声或无噪声,以及能在少润滑或无润滑状态下正常工作,因此常选用工程塑料作为齿轮材料。总之,工作条件的要求是选择齿轮材料时首先应考虑的因素。

(2)齿轮材料的选择应考虑齿轮尺寸的大小、毛坯成形方法及热处理和制造工艺。大尺寸的齿轮一般采用铸造毛坯,可选用铸钢或铸铁作为齿轮材料;中等或中等以下尺寸且要求较高的齿轮常选用锻造毛坯,可选择锻钢制作;尺寸较小而又要求不高时,可选用圆钢做毛坯。

齿轮表面硬化的方法有渗碳、氮化和表面淬火。采用渗碳工艺时,应选用低碳钢或低碳合金钢作为齿轮材料;氮化钢和调质钢能采用氮化工艺;采用表面淬火时,对材料没有特别的要求。

(3)不论毛坯的制作方法如何,正火碳钢只能用于制作载荷平稳或在轻度冲击下工作的齿轮,不能承受大的冲击载荷,调质碳钢可用于制作在中等冲击载荷下工作的齿轮。

(4)合金钢常用于制作高速、重载并在冲击载荷下工作的齿轮。

(5)飞行器中的齿轮传动要求齿轮尺寸尽可能小,应采用表面硬化处理的高强度合金钢作为齿轮材料。

(6)金属制的软齿面齿轮,配对的两齿轮齿面的硬度差应保持为30~50 HBS或更多。当小齿轮与大齿轮的齿面有较大的硬度差(如小齿轮齿面为淬火并磨制,大齿轮齿面为常化或调质)且齿轮速度又较高时,较硬的小齿轮齿面对较软的大齿轮齿面会起较显著的冷作硬化作用,从而提高大齿轮齿面的疲劳极限。因此,当配对的两齿轮齿面具有较大的硬度差时,大齿轮的接触疲劳许用应力可提高约20%,但应注意硬度高的齿面,其粗糙度值也要相应地减小。

8.7.3 齿轮的许用应力

齿轮的许用应力[σ]是对试验齿轮在特定条件下经疲劳试验测得的疲劳极限应力$\sigma_{\lim}$进行修正得出的。修正时主要考虑应力循环次数的影响和可靠度。

齿面接触疲劳许用应力为

$$[\sigma_H]=\frac{Z_{NT}}{S_H}\sigma_{H\,lim} \tag{8-22}$$

齿根弯曲疲劳许用应力为

$$[\sigma_F]=\frac{Y_{NT}}{S_F}\sigma_{F\,lim} \tag{8-23}$$

因为材料的成分、性能、热处理和质量都不统一，所以该应力值并不是一个固定的值，而是有一个离散区，一般取中间值，即为MQ线。接触疲劳极限$\sigma_{H\,lim}$如图8-25所示，弯曲疲劳极限$\sigma_{F\,lim}$如图8-26所示，其值已计入应力集中的影响。

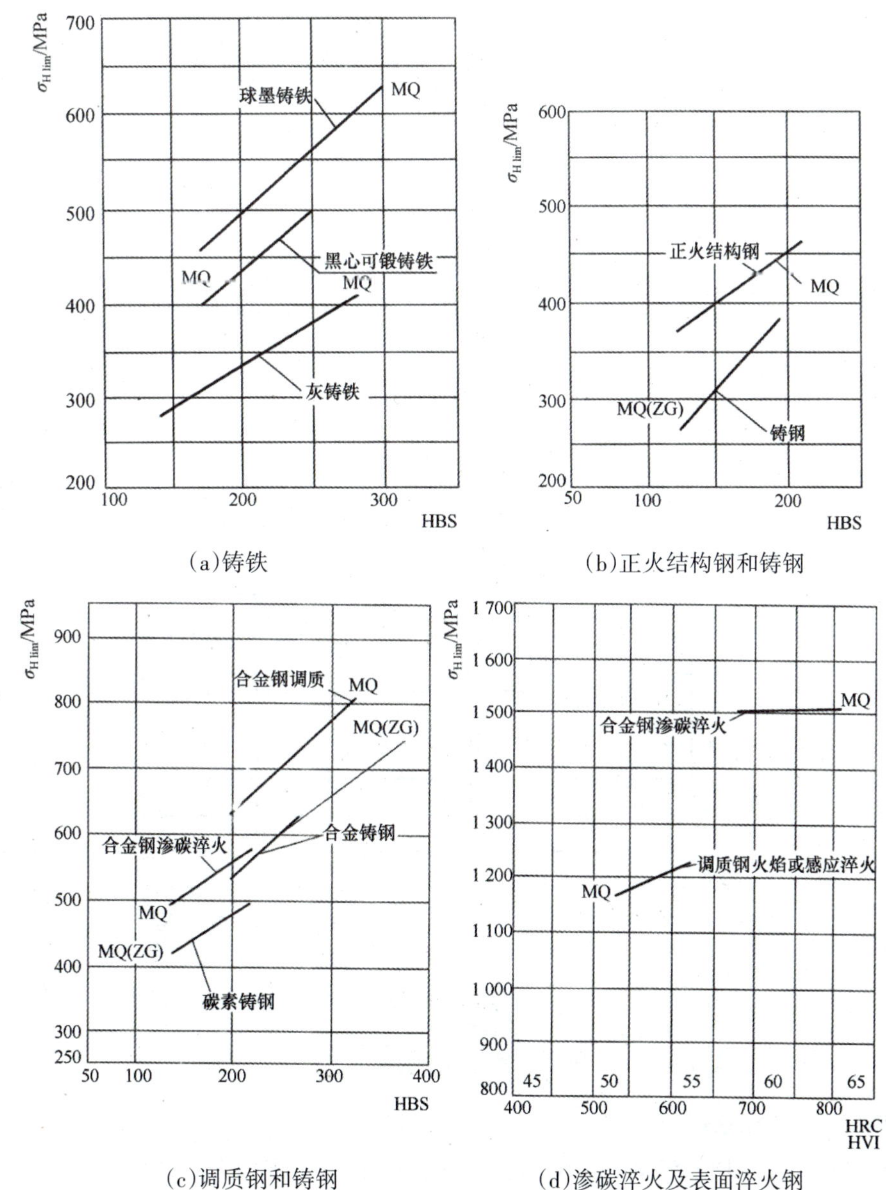

图8-25　接触疲劳极限$\sigma_{H\,lim}$

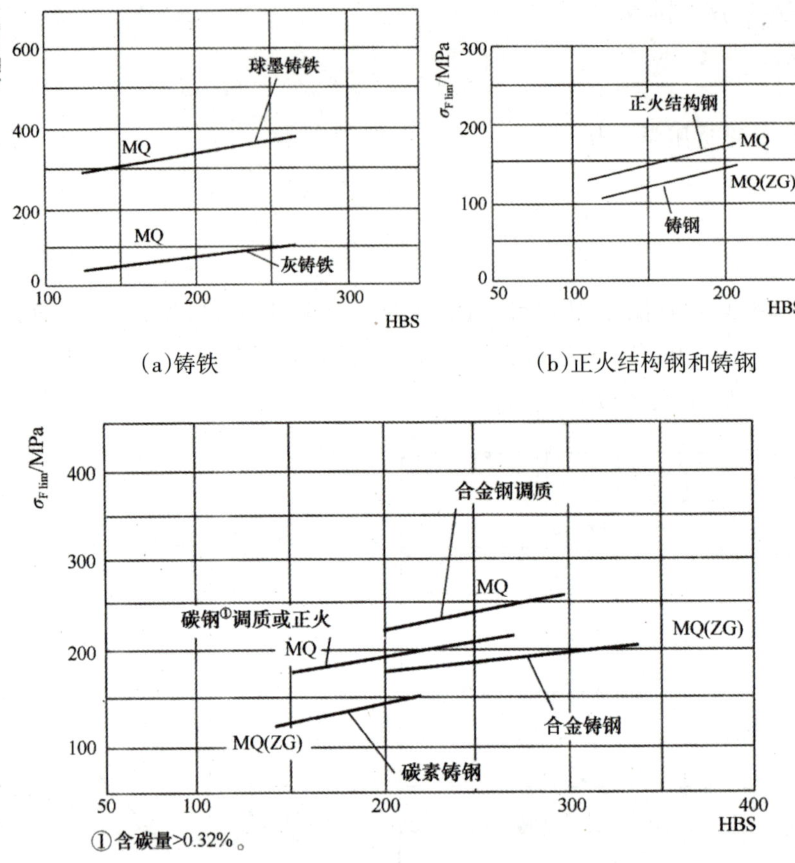

(c)调质钢和铸钢

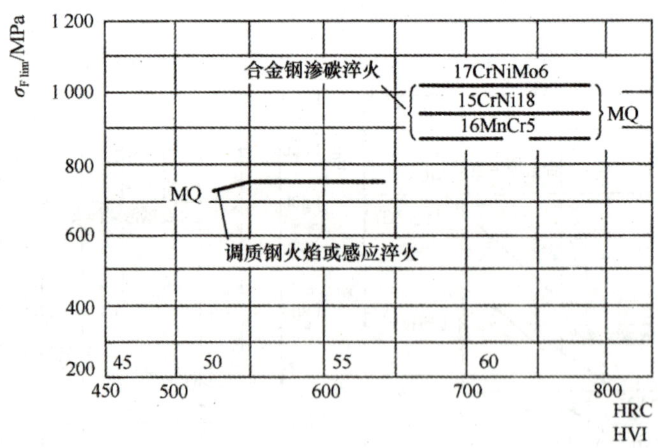

(d)表面硬化钢

图8-26　弯曲疲劳极限$\sigma_{F\,lim}$

查许用应力时应注意：

(1)若硬度值超出图8-25和图8-26中范围，可近似地用插值法计算。

(2)对于弯曲疲劳极限应力，当轮齿承受对称循环应力时，应将$\sigma_{F\,lim}$值乘以0.7。

(3)配对的大小齿轮,由于材料或齿面硬度的差异,其极限应力值不同,应分别查取。

(4)为考虑应力循环次数影响的寿命系数,接触疲劳寿命系数和弯曲疲劳寿命系数分别如图8-27和图8-28所示。图中N为齿轮工作的应力循环次数,按下式计算

$$N = 60njL_h$$

式中,n为齿轮转速,r/min;j为齿轮每转一周同一齿面的啮合次数;L_h为齿轮的使用极限,h。

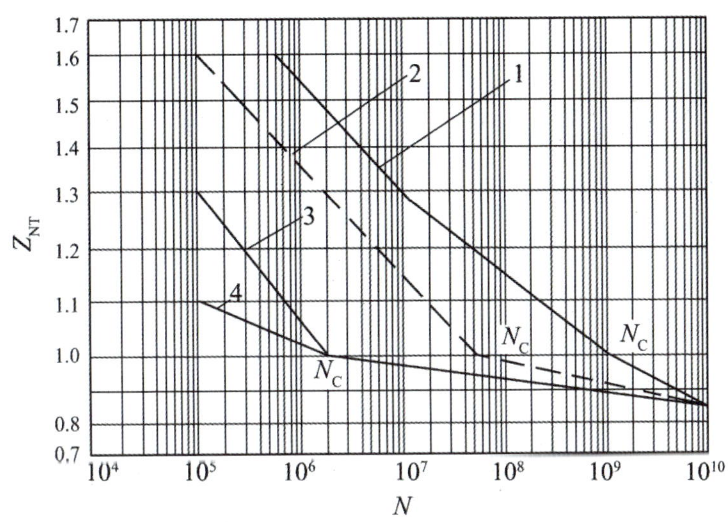

1—允许一定点蚀时的结构钢、调质钢、球墨铸铁(珠光体、贝氏体)、珠光体可锻铸铁、渗碳淬火的渗碳钢;2—材料同1,不允许出现点蚀,火焰或感应淬火的钢;3—灰铸铁、球墨铸铁(铁素体)、渗氮的渗氮钢、调质钢、渗碳钢;4—碳氮共渗的调质钢、渗碳钢

图8-27　接触疲劳寿命系数

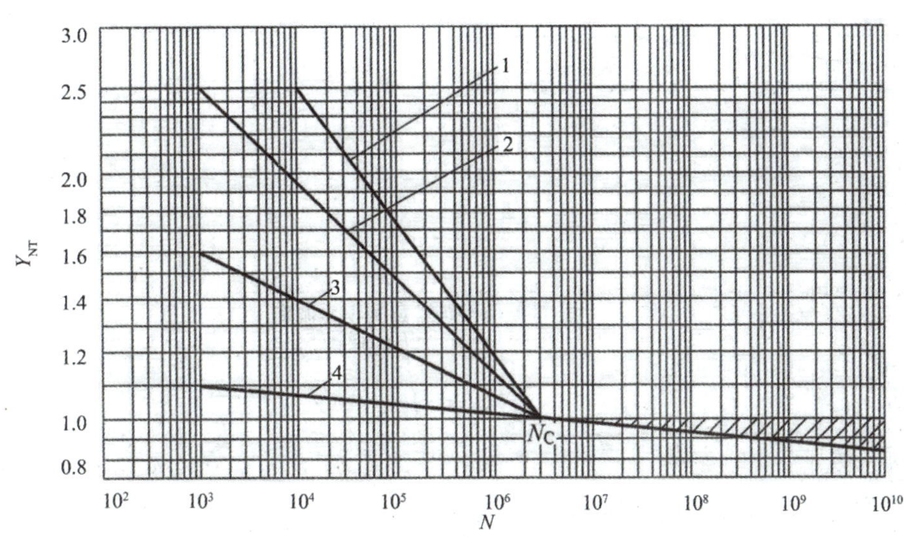

1—调质钢、球墨铸铁(珠光体、贝氏体)、珠光体可锻铸铁;2—渗碳淬火的渗碳钢,火焰或感应表面淬火的钢、球墨铸铁;3—渗氮的渗氮钢、球墨铸铁(铁素体)、结构钢、灰铸铁;4—碳氮共渗的调质钢、渗碳钢

图8-28　弯曲疲劳寿命系数

8.8 标准直齿圆柱齿轮传动的设计

8.8.1 齿轮受力分析

一对标准直齿圆柱齿轮在标准中心距安装条件下的受力情况如图8-29所示。若忽略齿面间的摩擦力，则只有沿啮合线作用于齿面上的正压力F_n。F_n可分解为圆周力F_t和径向力F_r。设小齿轮转矩为T_1，小齿轮分度圆直径为d_1，由图中关系知各力的大小为

$$F_t = \frac{2T_1}{d_1} \tag{8-24}$$

$$F_r = F_t \tan\alpha \tag{8-25}$$

$$F_n = \frac{F_t}{\cos\alpha} = \frac{2T_1}{d_1 \cos\alpha} \tag{8-26}$$

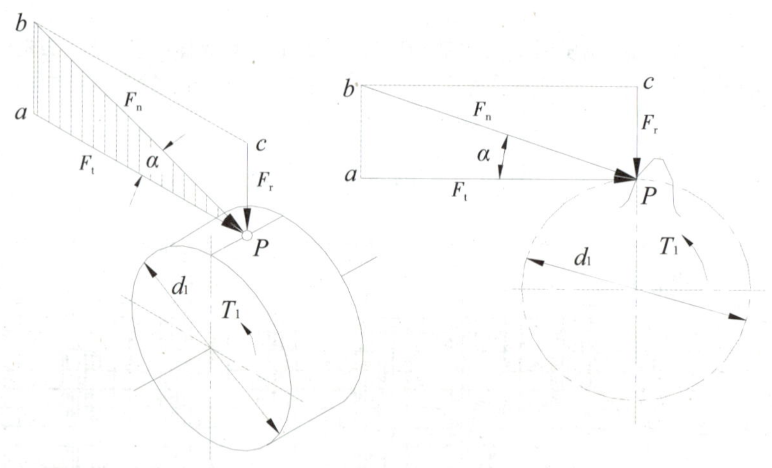

图8-29 标准直齿圆柱齿轮受力分析

各力的方向判断如下：

(1)主、从动轮上各力均对应且大小相等，方向相反。

(2)圆周力F_t产生的转矩方向与该齿轮外加转矩的方向相反。

(3)径向力F_r分别指向各自的轮心。

8.8.2 齿轮的计算载荷

由8.8.1节受力分析计算的载荷F_n是齿轮的名义载荷，在实际传动中，齿轮、轴、轴承的加工、

安装误差及弹性变形等很多因素的影响，会引起载荷集中，使实际载荷增加，故应将名义载荷修正为计算载荷 F_{nc}

$$F_{nc}=KF_{n} \tag{8-27}$$

式中，K 为载荷系数，见表8-5。

载荷系数通常考虑以下因素：

(1)考虑原动机和工作机的工作特性、轴和联轴器系统的质量与刚度及运行状态等外部因素引起的附加动载荷。

(2)考虑齿轮副在啮合过程中因制造误差及啮合误差(基圆齿距误差、齿形误差和轮齿变形等)和运转速度而引起的内部附加载荷。

(3)考虑由于轴的变形和齿轮制造误差引起的载荷沿齿宽方向分布不均匀的影响。如图8-30所示，当齿轮相对轴承不对称时，齿轮受载前，轴无弯曲变形，轮齿啮合正常。当齿轮受载后，如图8-31所示，轴产生弯曲变形，两齿轮随之倾斜，使得作用在齿面上的载荷沿接触线分布不均匀。当齿宽系数 b/d_1 较小，齿轮在两轴承中间对称布置或轴的刚性较大时，K 取小值；反之，K 取大值。

(4)考虑同时参与啮合的各对齿轮间载荷分配不均匀的影响。

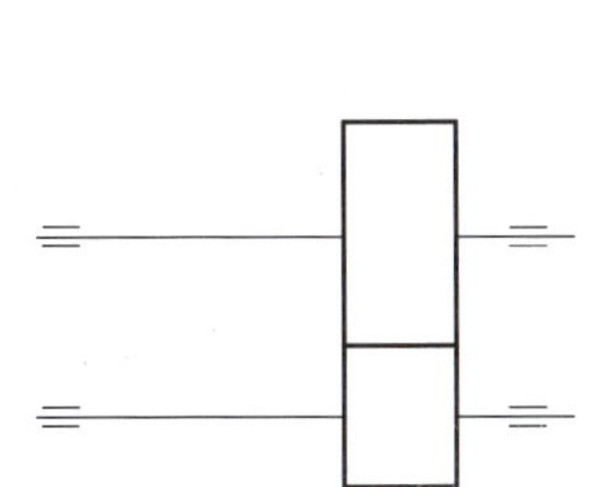

图8-30　齿轮相对轴承布置不对称

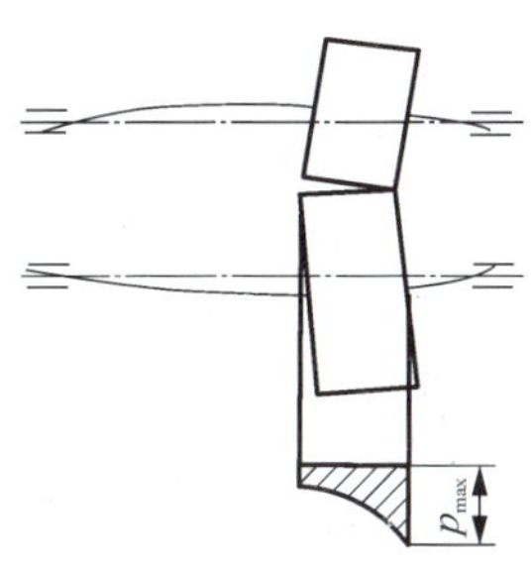

图8-31　弯曲变形引起的载荷分布不均匀

表8-5　载荷系数

工作机械	载荷特性	原动机		
		电动机	多缸内燃机	单缸内燃机
均匀加料的运输机和加料机、轻型卷扬机、发电机、机床辅助传动	均匀、轻微冲击	1.0~1.2	1.2~1.6	1.6~1.8
不均匀加料的运输机和加料机、重型卷扬机、球磨机、机床主传动	中等冲击	1.2~1.6	1.6~1.8	1.8~2.0
冲床、钻床、轧机、破碎机、挖掘机	大的冲击	1.6~1.8	1.9~2.1	2.2~2.4

注：斜齿、圆周速度低、精度高、齿宽系数小、齿轮在两轴承间对称布置时，载荷系数取小值；直齿、圆周速度高、精度低、齿宽系数大、齿轮在两轴承间不对称布置时，载荷系数取大值。

8.8.3 齿轮传动的强度计算

1. 齿面接触疲劳强度计算

齿面接触疲劳强度与齿面接触应力和许用接触应力有关。为了计算齿面间的接触应力，先来讨论两圆柱体之间的接触应力。当两个轴线平行的圆柱体在载荷作用下相互接触并压紧时，由于局部弹性变形，其接触线变成宽为 $2a$ 的狭长矩形接触带，接触带的表面产生局部应力，称为接触应力，最大接触应力发生在理论接触线上，根据赫兹公式，最大接触应力 σ_H 为

$$\sigma_H = \sqrt{\frac{F_n}{L\rho_\varepsilon}\frac{1}{\pi\left(\frac{1-\mu_1^2}{E_1}+\frac{1-\mu_2^2}{E_2}\right)}} \tag{8-28}$$

式中，F_n 为法向总压力；L 为接触线长度；E_1、E_2 为两圆柱体材料的弹性模量；μ_1、μ_2 为两圆柱体材料的泊松比；ρ_ε 为综合曲率半径。

$$\rho_\varepsilon = \frac{\rho_1\rho_2}{\rho_1 \pm \rho_2} \tag{8-29}$$

式中，ρ_1、ρ_2 分别为两圆柱体的半径；“+”号用于外接触；“-”号用于内接触。

如前所述，由于点蚀通常发生在节点附近，因此，以节点处的啮合作为计算点并推导直齿圆柱齿轮的接触疲劳强度计算公式。

(1)接触疲劳强度校核公式。一对外啮合渐开线标准齿轮如图 8-32 所示，两齿轮在节点处的啮合，可视为两个圆柱的接触，而两个圆柱的半径分别为齿廓在节点处的曲率半径，即

$$\rho_1 = \frac{d_1}{2}\sin\alpha \quad \rho_2 = \frac{d_2}{2}\sin\alpha \tag{8-30}$$

式中，d_1、d_2 为齿轮的节圆半径(mm)；α 为啮合角(rad)。

定义齿数比 u $$u = z_2/z_1 = d_2/d_1$$

一对啮合齿轮间的法向力

$$F_{nc} = KF_n = \frac{KF_t}{\cos\alpha} = \frac{2KT_1}{d_1\cos\alpha} \tag{8-31}$$

齿面接触线长度

$$L = \frac{b}{Z_\varepsilon^2} \tag{8-32}$$

将上述公式代入最大接触应力公式得齿面接触疲劳强度校核公式

$$\sigma_{\mathrm{H}} = Z_{\mathrm{H}} Z_{\mathrm{E}} Z_{\varepsilon} \sqrt{\frac{2KT_1}{bd_1^2} \frac{u \pm 1}{u}} \leqslant [\sigma_{\mathrm{H}}] \tag{8-33}$$

式中，弹性系数 $Z_{\mathrm{E}} = \sqrt{\dfrac{1}{\pi\left(\dfrac{1-\mu_1^2}{E_1} + \dfrac{1-\mu_2^2}{E_1}\right)}}$，也可由表 8-6 选取；节点区域系数 $Z_{\mathrm{H}} = \sqrt{\dfrac{2}{\sin\alpha\cos\alpha}}$，主要考虑节点处的齿廓形状对接触应力的影响；重合度系数 Z_{ε}，它考虑重合度对齿面接触应力的影响，对于直齿轮 $Z_{\varepsilon}=\sqrt{\dfrac{4-\varepsilon_{\alpha}}{3}}$；“+”号用于外啮合，“−”号用于内啮合。

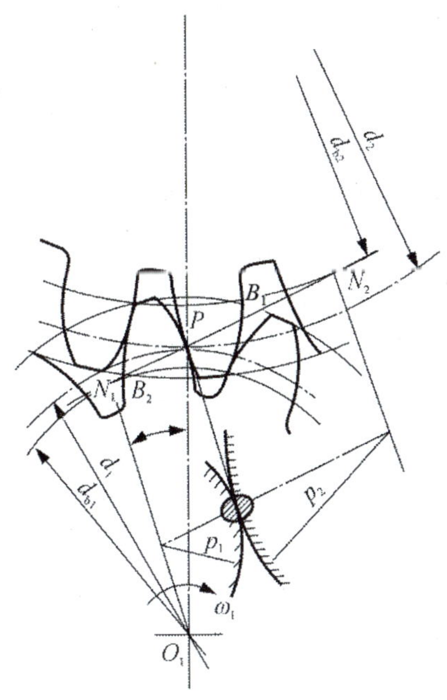

图 8-32　一对外啮合渐开线标准齿轮

表 8-6　弹性系数 Z_{E}

齿轮1	齿轮2			
	锻钢	铸钢	球墨铸铁	灰铸铁
锻钢	189.8	188.9	181.4	162.0
铸钢		188.0	180.5	
球墨铸铁	—	—	173.9	—
灰铸铁			—	

(2)设计公式。引入齿宽系数$\Phi_a=\frac{b}{a}$,或$\Phi_d=\frac{b}{d_1}$,代入上述齿面接触疲劳强度校核公式得设计公式

$$a \geqslant (u \pm 1)\sqrt[3]{\frac{KT_1}{2\Phi_a u}\left(\frac{Z_H Z_E Z_\varepsilon}{[\sigma_H]}\right)^2} \tag{8-34}$$

$$d_1 \geqslant \sqrt[3]{\frac{2KT_1}{\Phi_d}\frac{u \pm 1}{u}\left(\frac{Z_H Z_E Z_\varepsilon}{[\sigma_H]}\right)^2} \tag{8-35}$$

式中,$[\sigma_H]$应取小齿轮$[\sigma_{H1}]$和大齿轮$[\sigma_{H2}]$中的小值。

2. 齿根弯曲疲劳强度计算

(1)齿根弯曲应力。齿根弯曲强度与齿根弯曲应力和齿轮材料的许用弯曲应力有关。计算齿根弯曲应力时,可把轮齿视为悬臂梁,其危险截面可用30°切线法确定。这种方法是在断面内作与轮齿对称中线成30°夹角并与齿根过渡曲线相切的两条直线,连接两切点并平行于齿轮轴线的截面就是危险截面,如图8-33所示。

要计算危险截面上的最大弯曲应力,应确定产生最大弯矩的载荷作用点。一般地,齿轮的重合度大于1,小于2,因此,应当以单对齿啮合区的上界点作为最大弯矩的计算点。但是,单对齿啮合区的上界点的确定及其计算比较复杂。为了简化计算,以全部载荷施加于齿顶为基础,再引入重合度系数Y_ε,用它来把载荷作用于齿顶的应力折算到载荷作用于单对齿啮合区上界点的齿根应力。

如图8-34所示,忽略齿面间的摩擦力,作用于齿顶的法向力F_n可以分解为$F_n\cos\alpha_{Fa}$和$F_n\sin\alpha_{Fa}$两个力。由于$F_n\cos\alpha_{Fa}$产生的剪应力和$F_n\sin\alpha_{Fa}$产生的压应力都比$F_n\cos\alpha_{Fa}$产生的弯曲应力小得多,可忽略不计,那么齿根弯曲应力为

$$\sigma_F=\frac{M}{W}=\frac{F_n h_F\cos\alpha_{Fa}}{\frac{bS_F^2}{6}} \tag{8-36}$$

式中,b为齿宽;h_F为力臂;S_F为危险截面的齿厚。

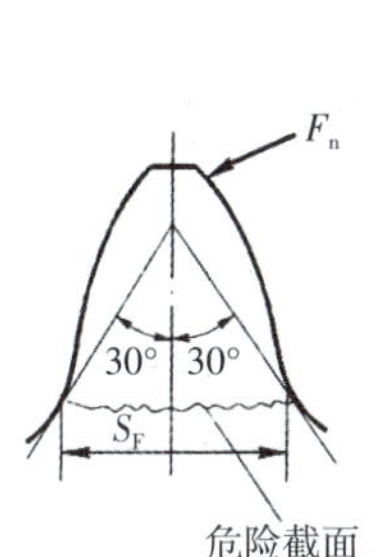

图8-33　齿根危险截面的确定

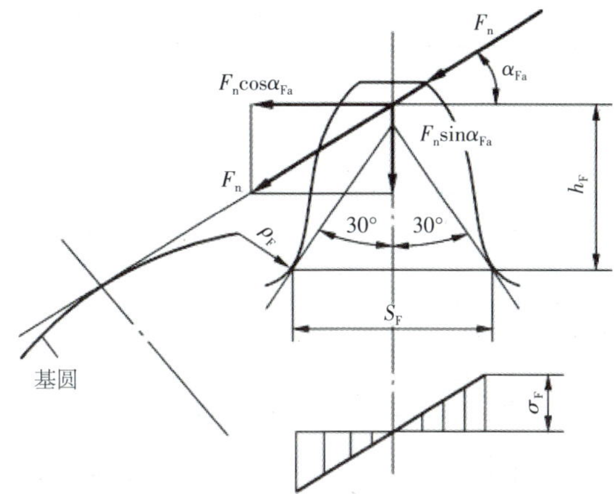

图8-34　齿根危险截面的弯曲应力

考虑到$F_{nc}=\dfrac{KF_t}{\cos\alpha}=\dfrac{2KT_1}{d_1\cos\alpha}$，用$F_{nc}$代替式(8-36)中的$F_n$得

$$\sigma_F=\frac{2KT_1}{bd_1m}\frac{6\left(\dfrac{h_F}{m}\right)\cos\alpha_{Fa}}{\left(\dfrac{S_F}{m}\right)^2\cos\alpha} \tag{8-37}$$

令齿形系数$Y_{Fa}=\dfrac{6\left(\dfrac{h_F}{m}\right)\cos\alpha_{Fa}}{\left(\dfrac{S_F}{m}\right)^2\cos\alpha}$，则齿根弯曲疲劳强度条件为

$$\sigma_F=\frac{2KT_1}{bd_1m}Y_{Fa} \tag{8-38}$$

式中，齿形系数只与齿廓形状有关，而与模数无关。Y_{Fa}值根据齿数由表8-7查得。

表8-7　标准外齿轮的齿形系数Y_{Fa}

Z	12	14	16	17	18	19	20	22	25	28
Y_{Fa}	3.47	3.22	3.03	2.97	2.91	2.85	2.81	2.75	2.65	2.58
Z	30	35	40	45	50	60	80	100	≥200	
Y_{Fa}	2.54	2.47	2.41	2.37	2.35	2.30	2.25	2.18	2.14	

(2)弯曲疲劳强度校核公式。引入重合度系数Y_ε和应力修正系数Y_{Sa}，Y_{Sa}可由表8-8查得。考虑齿根过渡曲线处的应力集中，可得直齿圆柱齿轮的齿根弯曲疲劳强度校核公式

$$\sigma_F=\frac{2KT_1}{bd_1m}Y_{Fa}Y_{Sa}Y_\varepsilon\leqslant[\sigma_F] \tag{8-39}$$

式中，重合度系数 $Y_\varepsilon = 0.25 + \dfrac{0.75}{\varepsilon_a}$。

表8-8 标准外齿轮的应力修正系数 Y_{Sa}

Z	12	14	16	17	18	19	20	22	25	28
Y_{Sa}	1.44	1.47	1.51	1.53	1.54	1.55	1.56	1.58	1.59	1.61
Z	30	35	40	45	50	60	80	100	≥200	
Y_{Sa}	1.63	1.65	1.67	1.69	1.71	1.73	1.77	1.80	1.88	

(3)设计公式。小齿轮和大齿轮分别计算齿根弯曲疲劳强度条件得

$$\begin{cases} \sigma_{F1} = \dfrac{2KT_1}{bd_1 m} Y_{Fa1} Y_{Sa1} Y_\varepsilon \leqslant [\sigma_{F1}] \\ \sigma_{F2} = \dfrac{2KT_1}{bd_1 m} Y_{Fa2} Y_{Sa2} Y_\varepsilon \leqslant [\sigma_{F2}] \end{cases} \tag{8-40}$$

把 $b = \Phi_a a = \Phi_a \dfrac{mz_1(u \pm 1)}{2}$ 或 $b = \Phi_d d_1 = \Phi_d m z_1$ 代入齿根弯曲疲劳强度条件可得设计公式

$$m \geqslant \sqrt[3]{\frac{4KT_1}{\Phi_a (u \pm 1) z_1^2} \frac{Y_{Fa} Y_{Sa} Y_\varepsilon}{[\sigma_F]}} \tag{8-41}$$

式中，$\dfrac{Y_{Fa}Y_{Sa}}{[\sigma_F]}$ 应取 $\dfrac{Y_{Fa1}Y_{Sa1}}{[\sigma_{F1}]}$ 与 $\dfrac{Y_{Fa2}Y_{Sa2}}{[\sigma_{F2}]}$ 中的较大值。

或

$$m \geqslant 1.26 \sqrt[3]{\frac{KT_1 Y_{Fa} Y_{Sa}}{\Phi_d z_1^2 [\sigma_F]}} \tag{8-42}$$

当齿轮中心距 a(或分度圆直径 d)和材料确定后，齿轮的齿根弯曲强度取决于模数 m 和齿数 z_1。对于开式齿轮传动，只进行齿轮的齿根弯曲强度计算。考虑到磨损的影响，将许用弯曲应力 $[\sigma_F]$ 降低20%~35%。

8.8.4 齿轮传动设计方法及参数选择

1. 基本设计方法

对于闭式齿轮传动，其工作环境和润滑条件比较好。因此其主要失效形式是齿面点蚀、齿面胶合、齿面塑性流动。目前一般的设计方法是先根据齿面接触疲劳强度简化设计公式，计算确定齿轮的主要尺寸参数，然后精确校核其齿面接触疲劳强度和齿根弯曲疲劳强度。必要时还要校核静强度和抗胶合能力。

对于开式齿轮传动，由于没有良好的防护和润滑，其主要失效形式是严重磨损和齿根疲劳折断。目前主要的设计方法是先按齿根弯曲疲劳强度简化设计公式，计算确定齿轮的主要尺寸参

数,然后精确校核齿根弯曲疲劳强度。一般不需要进行齿面接触疲劳强度和抗胶合能力校核。必要时要校核静强度。

总之,无论采用何种方法,都必须满足齿面接触疲劳强度、齿根弯曲疲劳强度和静强度等要求,以保证齿轮传动在预期寿命内能可靠地工作。

2. 基本参数选择

在设计过程中,需要人为地选择确定一些基本参数,它们对设计结果影响很大。因此,必须根据实际情况进行适当的选择,下面是一些基本参数的选取原则。

(1)齿数和模数。模数越大,齿根就越厚,齿根弯曲应力就越小,即齿根弯曲疲劳强度就越高。根据关系式$a = \frac{m}{2}(z_1 + z_2)$,保持中心距不变(齿面接触疲劳强度基本不变)时,应该在保证齿根弯曲疲劳强度的前提下,尽可能选取较小的模数,这样可以选取较多的齿数,使重合度增加,改善齿轮传动的平稳性,也可以减小齿面滑动速度,降低油温和胶合的危险性。此外,还可减少金属切削量和切削时间。

传递动力为主的齿轮传动,模数应大于1.5~2 mm,以防止轮齿折断。大、小齿轮的齿数最好互为质数以使轮齿磨损比较均匀。

对闭式齿轮传动,通常选取$z_1 = 18\sim30$。其中,闭式软齿面齿轮的齿数应取较大值,闭式硬齿面齿轮的齿数应取较小值。

对开式齿轮传动,为防止齿面严重磨损和轮齿折断,齿数不应该太多,以防模数过小,一般选取$z_1 = 17\sim20$。

(2)齿宽系数。齿宽系数有多种表示方法,即$\Phi_a = b/a$,$\Phi_m = b/m$,$\Phi_d = b/d_1$。它们之间的关系是

$$\Phi_m = z_1\Phi_d = 0.5(\mu + 1)z_1\Phi_a \tag{8-43}$$

齿宽系数越大,轮齿就越宽,其承载能力就越大。但轮齿过宽,会使载荷沿齿宽分布不均的现象严重,甚至偏载引起局部轮齿折断。因此,齿宽系数取值要适当。一般闭式齿轮传动常取$\Phi_a = 0.2\sim0.6$;通用减速器常取$\Phi_a = 0.4$;变速器换挡齿轮常取$\Phi_a = 0.12\sim0.15$;开式齿轮传动常取$\Phi_a = 0.1\sim0.3$。选取时,直齿轮宜取较小值,斜齿轮可取较大值;载荷稳定,轴刚性大时取较大值,变载荷,轴刚性小时应取较小值。

(3)螺旋角。齿轮的螺旋角越大,齿轮传动越平稳,承载能力越大。但螺旋角太大,会引起很大的轴向力。一般取$\beta = 8°\sim15°$,常用$\beta = 8°\sim12°$。人字齿轮一般取$\beta = 25°\sim40°$。

3. 主要几何参数间的关系

在圆整和选取标准值后,为保证一对齿轮能正确啮合传动,它们的几何参数之间必须严格符合下列关系式

$$d_1 = \frac{m_n z_1}{\cos\beta} \tag{8-44}$$

$$d_2 = \frac{m_n z_2}{\cos\beta} \tag{8-45}$$

$$a = 0.5(d_1 + d_2) \tag{8-46}$$

$$\beta = \arccos \frac{m_n(z_1 + z_2)}{2a} \tag{8-47}$$

计算时，对不能圆整的参数值一般取到小数点后三位，角度取到秒位。

例 8-1 设计某带式运输机减速器双级直齿轮传动中的高速级齿轮传动，电动机驱动，工作平稳，转向不变。已知传递功率 $P_1 = 5$ kW，小齿轮转速 $n_1 = 960$ r/min，传动比 $i = 4.8$，每天2班，预期工作寿命10年（每年工作300天）。

解

1.选择齿轮的材料和齿轮数

运输机为一般工作机器，速度不高，故齿轮选用8级精度。因传递功率不大，转速不高，故选用软齿面齿轮传动。齿轮选用便于制造且价格便宜的材料，小齿轮选用45钢，调质处理，齿面硬度240 HBS。大齿轮选用45钢，正火处理，齿面硬度200 HBS。

齿轮的齿数，取 $z_1 = 24$，由 $i = 4.8$ 得 $z_2 = 4.8 \times 24 = 115.2$，取 $z_2 = 115$，在误差范围内。

因选用闭式软齿面传动，故按齿面接触疲劳强度设计，然后校核其齿根弯曲疲劳强度。

2. 按齿面接触疲劳强度设计

设计公式为 $d_1 \geqslant \sqrt[3]{\frac{2KT_1}{\Phi_d} \frac{u \pm 1}{u} (\frac{Z_H Z_E}{[\sigma_H]})^2}$

试选载荷系数 K_t=1.3

小齿轮名义转矩 $T_1 = 9.55 \times 10^6 \frac{P_1}{n_1} = 9.55 \times 10^6 \times \frac{5}{960} = 49\,739.583(\text{N} \cdot \text{mm})$

初取齿宽系数 $\Phi_d = 0.8$

由表8-6查取弹性系数 $Z_E = 189.8\sqrt{\text{MPa}}$

节点区域系数 $Z_H = 2.495(\alpha = 20°)$

由图8-25查得 $\sigma_{H\lim1} = 590$ MPa　$\sigma_{H\lim2} = 550$ MPa

$N_1 = 60n_1 jL_h = 60 \times 960 \times 1 \times (2 \times 8 \times 300 \times 10) = 2.765 \times 10^9$

$N_2 = N_1/i = 2.765 \times 10^9/4.8 = 5.76 \times 10^8$

由图8-27查取接触疲劳强度寿命系数

$Z_{N1} = 1, Z_{N2} = 1.03$（允许一定点蚀）

取失效概率为1%，接触疲劳强度最小安全系数 $S_H = 1$

计算许用接触应力 $[\sigma_{H1}] = \frac{\sigma_{H\lim1} Z_{N1}}{S_H} = \frac{590 \times 1}{1} = 590(\text{MPa})$

$$[\sigma_{H2}] = \frac{\sigma_{H\lim2} Z_{N2}}{S_H} = \frac{550 \times 1.03}{1} = 567(\text{MPa})$$

取 $[\sigma_H] = [\sigma_{H2}] = 567$ MPa

初算小齿轮分度圆直径

$$d_{1t} \geqslant \sqrt[3]{\frac{2K_tT_1}{\Phi_d}\frac{u \pm 1}{u}\left(\frac{Z_HZ_E}{[\sigma_H]}\right)^2} = \sqrt[3]{\frac{2 \times 1.3 \times 49\,739.538}{0.8} \times \frac{4.8+1}{4.8} \times \left(\frac{2.495 \times 189.8}{567}\right)^2} =$$

51.457(mm)

初算圆周速度

$$v_t = \frac{\pi d_1 n_1}{60 \times 1000} = \frac{3.14 \times 51.475 \times 960}{60 \times 1000} = 2.585(\text{m/s})$$

由表8-5查取使用系数K_A=1

$v_t z_1/100 = 2.585 \times 24/100 = 0.621(\text{m/s})$

查得动载系数K_v=1.07

直齿轮传动，齿间载荷分配系数$K_\alpha = 1$

齿向载荷分配系数$K_\beta = 1.11$

故载荷系数$K = K_AK_vK_\alpha K_\beta = 1 \times 1.07 \times 1 \times 1.11 = 1.188$

修正小齿轮分度圆直径$d_1 = d_{1t}\sqrt[3]{K/K_t} = 51.475 \times \sqrt[3]{1.188/1.3} = 49.935(\text{mm})$

3. 确定齿轮传动主要参数和几何尺寸

确定模数$m = \dfrac{d_1}{z_1} = \dfrac{49.935}{24} = 2.081(\text{mm})$ 圆整为标准值$m = 2.5\,\text{mm}$

计算分度圆直径

$d_1 = mz_1 = 2.5 \times 24 = 60(\text{mm})$

$d_2 = mz_2 = 2.5 \times 115 = 287.5(\text{mm})$

计算传动中心距$a = \dfrac{d_1 + d_2}{2} = 173.75(\text{mm})$

计算齿宽$b = \Phi_d d_1 = 0.8 \times 60 = 48(\text{mm})$

取$b_1 = 55\,\text{mm}, b_2 = 50\,\text{mm}$

4. 校核齿根弯曲疲劳强度

校核公式为

$$\sigma_F = \frac{2KT_1}{bd_1m}Y_{Fa}Y_{Sa} \leqslant [\sigma_F]$$

由表8-7和表8-8知

齿形系数 $Y_{Fa1} = 2.65, Y_{Fa2} = 2.168$

应力修正系数 $Y_{Sa1} = 1.58, Y_{Sa2} = 1.082$

由图8-26和图8-28知

弯曲疲劳强度极限$\sigma_{F\lim1} = 230\,\text{MPa}, \sigma_{F\lim1} = 210\,\text{MPa}$

弯曲疲劳强度寿命系数$Y_{N1} = 1, Y_{N2} = 1$

取弯曲强度最小安全系数$S_F = 1.4$

计算许用弯曲应力

$$[\sigma_{F1}]=\frac{\sigma_{F\lim1}Y_{ST}Y_{N1}}{S_F}=\frac{230\times2\times1}{1.4}=329(\text{MPa})$$

$$[\sigma_{F2}]=\frac{\sigma_{F\lim2}Y_{ST}Y_{N2}}{S_F}=\frac{210\times2\times1}{1.4}=300(\text{MPa})$$

校核齿根弯曲疲劳强度

$$\sigma_{F1}=\frac{2KT_1}{bd_1m}Y_{Fa1}Y_{Sa1}=\frac{2\times1.188\times49\,739.583}{50\times60\times2.5}\times2.65\times1.58=66\leqslant[\sigma_{F1}]=329(\text{MPa})$$

$$\sigma_{F2}=\frac{2KT_1}{bd_1m}Y_{Fa2}Y_{Sa2}=\frac{2\times1.188\times49\,739.583}{50\times60\times2.5}\times2.168\times1.082=62\leqslant[\sigma_{F2}]=300(\text{MPa})$$

此设计结果满足弯曲疲劳强度要求。

8.9 平行轴斜齿圆柱齿轮传动

如图8-35所示，发生面S绕基圆柱做纯滚动时，发生面S上与基圆柱轴线夹角为β_b的斜直线KK'扫出的轨迹为斜齿圆柱齿轮的齿廓曲面，称此曲面为渐开线螺旋面。斜齿圆柱齿轮的齿廓曲面与其分度圆柱面相交的螺旋线的切线与齿轮轴线之间所夹的锐角β称为斜齿轮分度圆柱上的螺旋角。

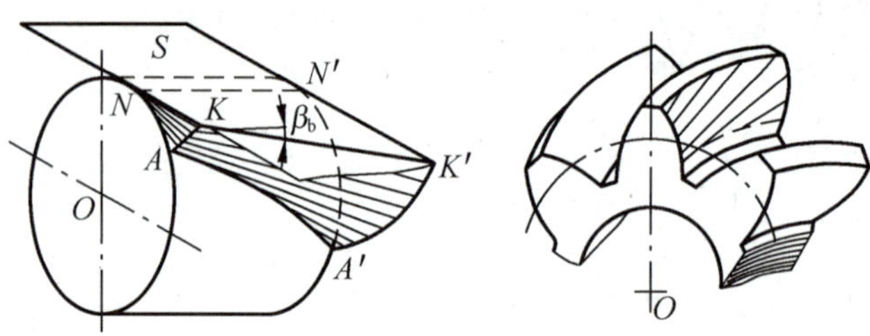

图8-35　斜齿圆柱齿轮齿廓曲面的形成与接触线

由于斜齿轮存在着螺旋角β，故当一对斜齿轮啮合传动时，其轮齿是先由一端进入啮合再逐渐过渡到轮齿的另一端而最终退出啮合，其齿面上的接触线先是由短变长，再由长变短。因此，斜齿轮的轮齿在交替啮合时所受的载荷是逐渐加上，再逐渐卸掉的，所以传动比较平稳，冲击、振动和噪声较小，故适宜于高速、重载传动。

8.9.1　斜齿轮的基本参数与几何尺寸计算

由于斜齿轮垂直于其轴线的端面齿形和垂直于螺旋线方向的法面齿形是不相同的，因而斜齿轮的端面参数与法面参数也不相同。又由于在切制斜齿轮的轮齿时，刀具进刀的方向一般是垂直于其法面的，故其法面参数与刀具的参数相同，所以取为标准值。但在计算斜齿轮的几何尺寸时却需按端面参数进行。因此就必须建立法面参数与端面参数的换算关系。

图8-36所示为一斜齿条沿其分度线的剖开图。图中阴影线部分为轮齿，空白部分为齿槽。

由图可得

$$p_n = \pi m_n = p_t\cos\beta = \pi m_t\cos\beta \tag{8-48}$$

故有

$$m_n = m_t\cos\beta \tag{8-49}$$

图8-37为斜齿条的一个轮齿，由图可得

$$\tan\alpha_n = \tan\alpha_t\cos\beta \tag{8-50}$$

斜齿轮在其端面上的分度圆直径为

$$d = zm_t = \frac{zm_n}{\cos\beta} \tag{8-51}$$

斜齿轮传动的标准中心距为

$$a = \frac{d_1 + d_2}{2} = \frac{m_n(z_1 + z_2)}{2\cos\beta} \tag{8-52}$$

由式(8-52)知，可以用改变螺旋角β的方法来调整其中心距的大小，故斜齿轮传动的中心距常做调整，以利加工。

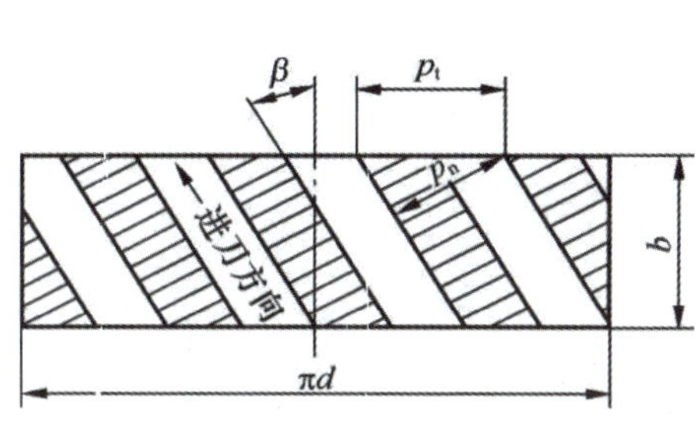

图8-36　分度圆柱面展开图

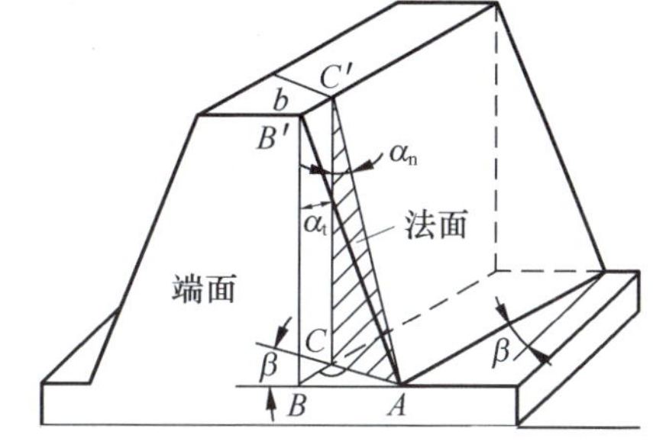

图8-37　斜齿条螺旋角与压力角

斜齿轮也可借助于变位修正的办法来满足各种不同的要求。其端面变位系数x_t与法面变位系数x_n之间的关系为

$$x_t = x_n\cos\beta \tag{8-53}$$

但一般都按法面变位系数进行计算。

8.9.2　一对斜齿轮的啮合传动

1. 一对斜齿轮正确啮合的条件

斜齿轮的正确啮合的条件，除了模数及压力角应分别相等($m_{n1} = m_{n2}, \alpha_{n1} = \alpha_{n2}$)外，它们的螺旋角还必须满足如下条件：

当斜齿轮外啮合时，$\beta_1 = -\beta_2$；当斜齿轮内啮合时，$\beta_1 = \beta_2$。

2. 斜齿轮传动的重合度

如图8-38所示，对于直齿轮传动的啮合面，L为其啮合区，故直齿轮传动的重合度为

$$\varepsilon_\alpha = \frac{L}{p_{bt}} \tag{8-54}$$

式中，p_{bt}为端面上的法向齿距。

对于斜齿轮的啮合情况，由于其轮齿是倾斜的，故其啮合区长为$L+\Delta L$，其总的重合度ε_r为

$$\varepsilon_r = \frac{L+\Delta L}{p_{bt}} = \varepsilon_\alpha + \varepsilon_\beta \tag{8-55}$$

式中，$\varepsilon_\alpha = L/p_{bt}$为端面重合度，类似于直齿轮传动，其计算公式为

$$\varepsilon_\alpha = \frac{z_1(\tan\alpha_{at1} - \tan\alpha_t') + z_2(\tan\alpha_{at2} - \tan\alpha_t')}{2\pi} \tag{8-56}$$

$\varepsilon_\beta = \Delta L/p_{bt}$为轴向重合度，其计算公式为

$$\varepsilon_\beta = \frac{B\sin\beta}{\pi m_n} \tag{8-57}$$

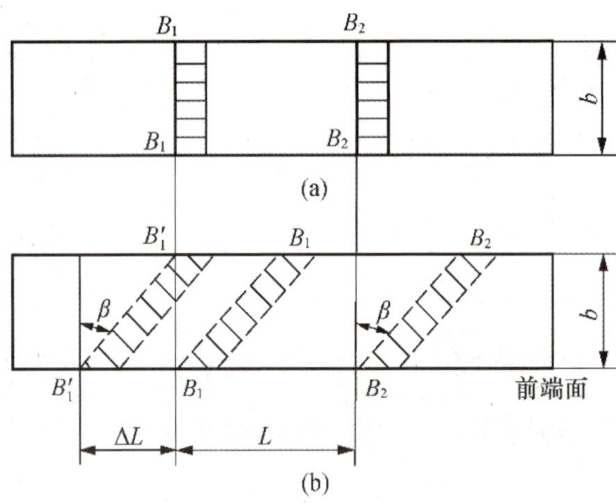

图8-38 直齿轮、斜齿轮的重合度

8.9.3 斜齿轮的当量齿轮与当量齿数

由于加工斜齿轮的刀具参数与斜齿轮法面参数相同，在计算斜齿轮的强度时，斜齿轮副的作用力是作用在轮齿的法面上。因此，需要用一个与法面齿形相当的虚拟直齿轮的齿形来近似，该虚拟直齿轮称为当量齿轮，它的齿数就是当量齿数，用z_v表示。

设斜齿轮的实际齿数为z，过分度圆柱轮齿螺旋线上的一点C作轮齿螺旋线的法面，将该剖面上点C附近的齿形近似视为斜齿轮的法面齿形，如图8-39所示。椭圆剖面上点C的曲率半径为

$$\rho = \frac{a^2}{b} = \left(\frac{r}{\cos\beta}\right)^2 \frac{1}{r} = \frac{r}{\cos^2\beta} \tag{8-58}$$

将ρ作为虚拟直齿轮的分度圆半径，设虚拟直齿轮的模数和压力角分别等于斜齿轮的法面模数和法面压力角，则当量齿轮的分度圆半径可以表示为$\rho = m_n z_v/2$。经整理后得到斜齿轮的当量齿数为

$$z_v = \frac{z}{\cos^3\beta} \tag{8-59}$$

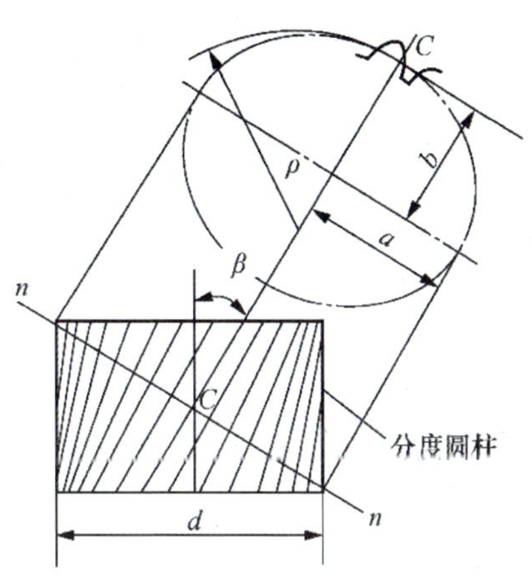

图8-39　斜齿轮的当量齿轮

8.9.4　斜齿轮传动的主要优缺点

与直齿轮传动相比较，斜齿轮传动主要具有下列优点：

(1)啮合性能好，传动平稳，噪声小。

(2)重合度大，降低了每对轮齿的载荷，提高了齿轮的承载能力。

(3)不产生根切的最少齿数少。

斜齿轮传动的主要缺点是在运转时会产生轴向推力，其轴向推力为$F_a = F_t\tan\beta$。当圆周力F_t一定时，轴向推力F_a随着螺旋角β的增大而增大。为控制过大的轴向推力，一般取$\beta = 8°\sim20°$。若采用人字齿轮，其所产生的轴向推力可相互抵消，故其螺旋角β可取为25°~40°。但人字齿轮制造比较麻烦，这是其缺点，故一般只用于高速重载传动中。

8.10　直齿锥齿轮传动

锥齿轮传动广泛应用于传递相交轴或交错轴之间的运动和动力。锥齿轮类型多，而且也有很多分类方法。按齿面节线可分为直齿、斜齿、圆弧齿、摆线齿，按两轴线位置可分为正交、斜交、偏置，按齿高收缩方式可分为标准收缩、等顶隙收缩、双重收缩、等高齿。

本节主要介绍两轴正交的标准直齿锥齿轮。

8.10.1 锥齿轮传动概述

锥齿轮传动用来传递两相交轴之间的运动和动力。在一般机械中，锥齿轮两轴之间的交角 $\Sigma = 90°$，锥齿轮的轮齿分布在一个圆锥面上，故在锥齿轮上有齿顶圆锥、分度圆锥和齿根圆锥等。又因锥齿轮是一个锥体，从而有大端和小端之分。为了计算和测量的方便，通常取锥齿轮大端的参数为标准值，即大端的标准模数按表8-9选取，其压力角一般为20°，齿顶高系数 $h_a^* = 1.0$，顶隙系数 $c^* = 0.2$。

表8-9 锥齿轮标准模数系列

单位：mm

…	1	1.125	1.25	1.375	1.5	1.75	2	2.25	2.5	2.75	3	3.25	3.5	3.75	4	4.5	5	5.5	6	6.5	7…

8.10.2 直齿锥齿轮传动几何参数和尺寸计算

如图8-40所示，两锥齿轮的分度圆直径分别为

$$d_1 = 2R\sin\delta_1 \tag{8-60}$$

$$d_2 = 2R\sin\delta_2 \tag{8-61}$$

式中，R 为分度圆锥锥顶到大端的距离，称为锥距；δ_1、δ_2 分别为两锥齿轮的分度圆锥角（简称分锥角）。

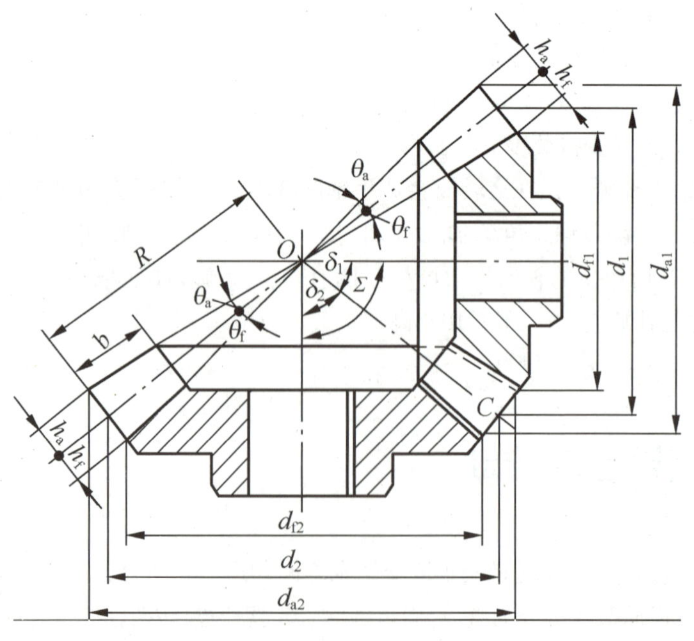

图8-40 直齿锥齿轮的参数和尺寸

两锥齿轮的传动比为

$$i_{12}=\frac{\omega_1}{\omega_2}=\frac{z_2}{z_1}=\frac{d_2}{d_1}=\frac{\sin\delta_2}{\sin\delta_1} \tag{8-62}$$

当两锥齿轮之间的轴交角$\Sigma=90°$时，即$\delta_1+\delta_2=90°$，则式(8-62)变为

$$i_{12}=\frac{\omega_1}{\omega_2}=\frac{z_2}{z_1}=\frac{d_2}{d_1}=\cot\delta_1=\tan\delta_2 \tag{8-63}$$

在设计锥齿轮传动时，可根据给定的传动比i_{12}，按式(8-63)确定两轮分锥角的值。

锥齿轮齿顶圆锥角和齿根圆锥角的大小，与两圆锥齿轮啮合传动时对其顶隙的要求有关。根据国家标准规定，现多采用等顶隙锥齿轮传动。其两轮的顶隙从齿轮大端到齿轮小端是相等的，两轮的分度圆锥及齿根圆锥的锥顶重合于一点。但两轮的齿顶圆锥，因其母线各自平行于与之啮合传动的另一锥齿轮的齿根圆锥的母线，故其锥顶就不再与分度圆锥锥顶相重合。这种圆锥齿轮相当于降低了轮齿小端的齿顶高，从而减小了齿顶过尖的可能性，且齿根圆锥角半径较大，有利于提高轮齿的承载能力、储油润滑能力和刀具寿命。

标准直齿锥齿轮传动的主要几何参数和尺寸的计算公式列于表8-10。

表8-10　标准直齿锥齿轮传动的几何参数和尺寸($\Sigma=90°$)

名称	代号	计算公式	
		小齿轮	大齿轮
分锥角	δ	$\delta_1=\arctan(z_1/z_2)$	$\delta_2=90°-\delta_1$
齿顶高	h_a	$h_a=h_a^*m=m$	
齿根高	h_f	$h_f=(h_a^*+c^*)m=1.2m$	
分度圆直径	d	$d_1=mz_1$	$d_2=mz_2$
齿顶圆直径	d_a	$d_{a1}=d_1+2h_a\cos\delta_1$	$d_{a2}=d_2+2h_a\cos\delta_2$
齿根圆直径	d_f	$d_{f1}=d_1-2h_f\cos\delta_1$	$d_{f2}=d_2-2h_f\cos\delta_2$
锥距	R	$R=m\sqrt{z_1^2+z_2^2}/2$	
齿根角	θ_f	$\tan\theta_f=h_f/R$	
顶锥角	δ_a	$\delta_{a1}=\delta_1+\theta_f$	$\delta_{a2}=\delta_2+\theta_f$
根锥角	δ_f	$\delta_{f1}=\delta_1-\theta_f$	$\delta_{f2}=\delta_2-\theta_f$
顶隙	c	$c=c^*m$	
分度圆齿厚	s	$s=\pi m/2$	
当量齿数	z_v	$z_{v1}=z_1/\cos\delta_1$	$z_{v2}=z_2/\cos\delta_1$
齿宽	B	$B\leqslant R/3$(取整)	

第9章

蜗杆传动

9.1 蜗杆传动的特点和类型

9.1.1 蜗杆传动的特点

蜗杆传动是在空间交错的两轴间传递运动和动力的一种传动机构。两轴线交错的夹角可为任意值,常用的为90°。蜗杆传动由于具有下述特点,故应用颇为广泛。

(1)当使用单头蜗杆(相当于单线螺纹)时,蜗杆每旋转一周,蜗轮只转过一个齿距,因而能实现大的传动比。在动力传动中,一般传动比$i = 80$;在分度机构或手动机构的传动中,传动比可达300;若只传递运动,传动比可达1 000。由于传动比大,零件数目又少,因而结构很紧凑。

(2)在蜗杆传动中,由于蜗杆齿是连续不断的螺旋齿,它和蜗轮齿是逐渐进入啮合及逐渐退出啮合的,同时啮合的齿对又较多,故冲击载荷小,传动平稳、噪声低。

(3)当蜗杆的螺旋线升角小于啮合面的当量摩擦角时,蜗杆传动便具有自锁性。

(4)蜗杆传动与螺旋齿轮传动相似,在啮合处有相对滑动。当滑动速度很大,工作条件不够良好时,会产生较严重的摩擦与磨损,从而引起过分发热,使润滑情况恶化。因此摩擦损失较大,效率低,当传动具有自锁性时,效率仅为0.4左右。同时由于摩擦与磨损严重,常需耗用有色金属制造蜗轮(或轮圈),以便与钢制蜗杆配对组成减摩性良好的滑动摩擦副。

蜗杆传动通常用于减速装置,但也有个别机器用作增速装置。

9.1.2 蜗杆传动的分类

根据蜗杆形状的不同,蜗杆传动可以分为圆柱蜗杆传动、环面蜗杆传动和锥蜗杆传动等。

1. 圆柱蜗杆传动

圆柱蜗杆传动包括普通圆柱蜗杆传动和圆弧圆柱蜗杆传动两类。

(1)普通圆柱蜗杆传动

普通圆柱蜗杆传动如图9-1所示,普通圆柱蜗杆的齿面(除ZK型蜗杆外)一般是在车床上用

直线刀刃的车刀车制的。根据车刀安装位置的不同，所加工出的蜗杆齿面在不同截面中的齿廓曲线也不同。根据不同的齿廓曲线，普通圆柱蜗杆可分为阿基米德蜗杆(ZA蜗杆)、渐开线蜗杆(ZI蜗杆)、法向直廓蜗杆(ZN蜗杆)和锥面包络蜗杆(ZK蜗杆)四种。

(2)圆弧圆柱蜗杆传动(ZC蜗杆)

圆弧圆柱蜗杆传动和普通圆柱蜗杆传动相似，只是齿廓形状有所区别。这种蜗杆的螺旋面是用刃边为凸圆弧形的刀具切制的，而蜗轮是用范成法制造的。在中间平面(蜗杆轴线和蜗杆副连心线所在的平面)上，蜗杆的齿廓为凹弧形，而与之相配的蜗轮的齿廓则为凸弧形。所以，圆弧圆柱蜗杆传动是一种凹凸弧齿廓相啮合的传动，也是一种线接触的啮合传动。其主要特点为：效率高，一般可达90%以上；承载能力高，一般可较普通圆柱蜗杆传动高出50%~150%；体积小、质量小、结构紧凑。这种传动已广泛应用到冶金、矿山、化工、建筑、起重等机械设备的减速机构中。

2. 环面蜗杆传动

环面蜗杆传动的特征是，蜗杆体在轴向的外形是以凹圆弧为母线所形成的旋转曲面，所以把这种蜗杆传动叫作环面蜗杆传动，如图9-2所示。在这种传动的啮合带内，蜗轮的节圆位于蜗杆的节弧面上，亦即蜗杆的节弧沿蜗轮的节圆包着蜗轮。在中间平面内，蜗杆和蜗轮都是直线轮廓。由于同时相啮合的齿对多，而且轮齿的接触线与蜗杆齿运动的方向近似于垂直，这就大大改善了轮齿受力情况和润滑油膜形成的条件，因而承载能力约为阿基米德蜗杆传动的2~4倍，效率一般高达0.85~0.90；但它需要较高的制造和安装精度。

除上述环面蜗杆传动外，还有包络环面蜗杆传动。这种蜗杆传动分为一次包络环面蜗杆传动和二次包络(双包)环面蜗杆传动两种。它们的承载能力和效率较上述环面蜗杆传动均有显著地提高。

3. 锥蜗杆传动

如图9-3所示，锥蜗杆传动也是一种空间交错轴之间的传动，两轴交错角通常为90°。蜗杆是由在节锥上分布的等导程的螺旋所形成的，故称为锥蜗杆。而蜗轮在外观上就像一个曲线齿锥齿轮，它是用与锥蜗杆相似的锥滚刀在普通滚齿机上加工而成的，故称为锥蜗轮。锥蜗杆传动的特点是：同时接触的点数较多，重合度大；传动比范围大(一般为10~360)；承载能力和效率较高；侧隙便于控制和调整；能作离合器使用；可节约有色金属；制造安装简便，工艺性好。但由于结构上的原因，锥蜗杆传动具有不对称性，因而正、反转时受力不同，承载能力和效率也不同。

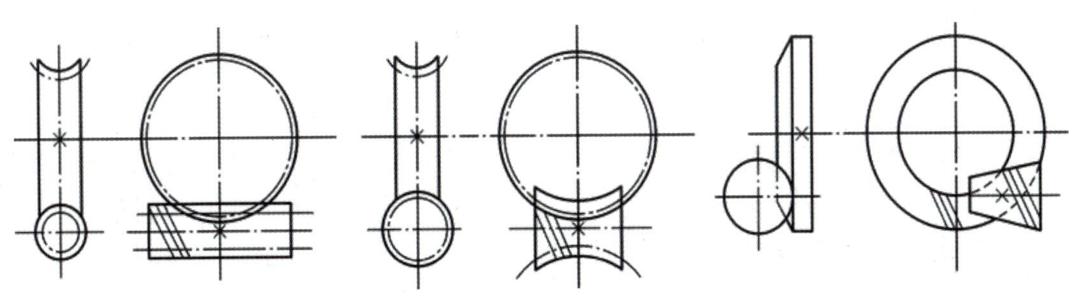

图9-1　普通圆柱蜗杆传动　　图9-2　环面蜗杆传动　　图9-3　锥蜗杆传动

9.2 蜗杆传动的基本参数

在中间平面上，普通圆柱蜗杆传动就相当于齿条与齿轮的啮合传动。故在设计蜗杆传动时，均取中间平面上的参数（如模数、压力角等）和尺寸（如齿顶圆、分度圆等）为基准，并沿用齿轮传动的计算关系。

9.2.1 蜗杆传动的主要几何参数

1. 模数m和压力角α

如图9-4所示，蜗杆传动的几何尺寸和齿轮传动一样，也以模数为主要计算参数。蜗杆和蜗轮啮合时，在中间平面上，蜗杆的轴面模数、压力角应与蜗轮的端面模数、压力角相等，即

$$m_{x1} = m_{t2} = m \tag{9-1}$$

$$\alpha_{x1} = \alpha_{t2} \tag{9-2}$$

ZA蜗杆的轴向压力角α_x为标准值（20°），其余三种（ZN、ZI、ZK）蜗杆的法向压力角α_n为标准值（20°），蜗杆轴向压力角与法向压力角的关系为

$$\tan\alpha_x = \frac{\tan\alpha_n}{\cos\gamma} \tag{9-3}$$

式中，γ为导程角。

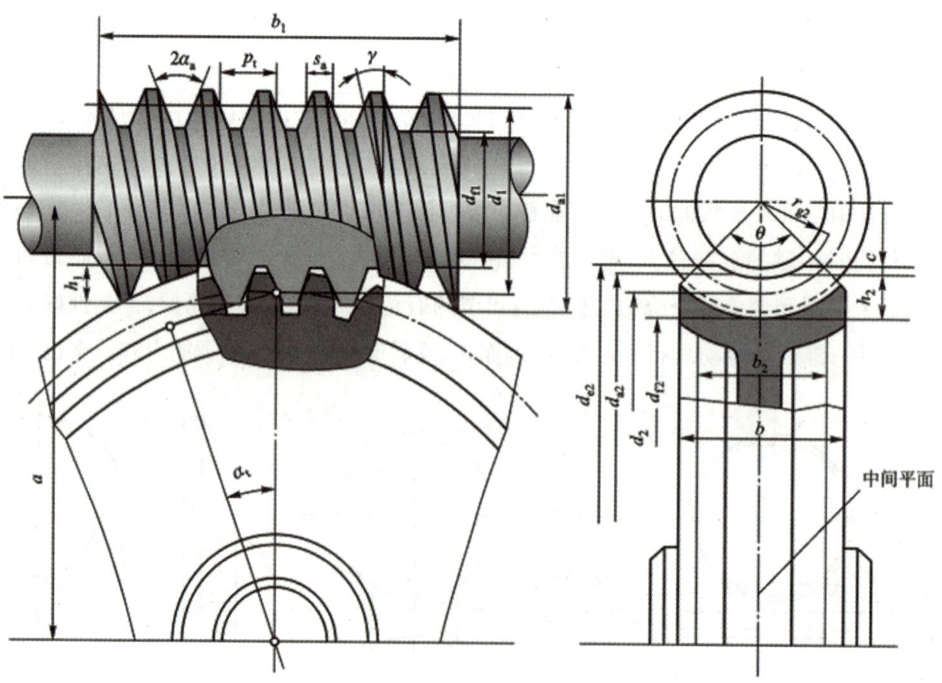

图9-4 蜗杆传动的基本参数

2. 蜗杆的分度圆直径d_1

在蜗杆传动中，为了保证蜗杆与配对蜗轮的正确啮合，常用与蜗杆具有同样尺寸的蜗轮滚刀来加工与其配对的蜗轮。这样，只要有一种尺寸的蜗杆，就得有一种对应的蜗轮滚刀。对于同一模数，可以有很多不同直径的蜗杆，因而对每一模数就要配备很多蜗轮滚刀。显然，这样很不经济。为了限制蜗轮滚刀的数目及便于蜗轮滚刀的标准化，对每一标准模数规定了一定数量的蜗杆分度圆直径d_1，而把蜗杆分度圆直径与蜗杆轴向模数的比值称为蜗杆的直径系数q。

3. 蜗杆头数z_1

蜗杆头数z_1可根据要求的传动比和效率来选定。单头蜗杆传动的传动比可以较大，但效率较低，如要提高效率，应增加蜗杆的头数。但蜗杆头数过多，又会给加工带来困难。所以，通常蜗杆头数取为1、2、4、6。

4. 导程角γ

导程角与导程的关系如图9-5所示。蜗杆的直径系数q和蜗杆头数z_1选定之后蜗杆分度圆柱上的导程角也就确定了。

$$\tan\gamma = \frac{z_1 p_x}{\pi d_1} = \frac{z_1 \pi m}{\pi d_1} = \frac{z_1 m}{d_1} \tag{9-4}$$

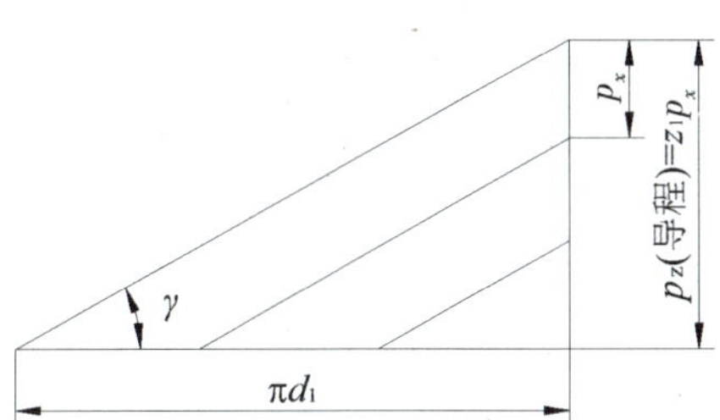

图9-5 导程角与导程的关系

5. 蜗杆传动的传动比i

蜗杆传动通常都以蜗杆为主动件，当蜗杆为主动时，蜗杆与蜗轮之间的传动比为

$$i_{12} = \frac{n_1}{n_2} = \frac{z_2}{z_1} \tag{9-5}$$

式中，z_2为蜗轮齿数；n_1，n_2为蜗杆和蜗轮的转速，r/min。

6. 蜗轮齿数z_2

蜗轮齿数z_2主要根据传动比来确定。但应注意，为了避免用蜗轮滚刀切制蜗轮时产生根切与干涉，理论上应使$z_{2\min} \geqslant 17$。当$z_2 < 26$时，则啮合区会显著减小，这将影响传动的平稳性；当$z_2 \geqslant 30$时，则可始终保持有两对以上的齿啮合。所以，通常规定z_2大于28。对于动力传动，z_2一般不大于80，这是因为：当蜗轮直径不变时，z_2越大，模数就越小，将使轮齿的弯曲强度削弱；当蜗轮模数不变时，z_2越大，蜗轮尺寸就会越大，使相啮合的蜗杆支承间距加长，这将降低蜗杆的弯曲刚度，使其容易产生挠曲而影响正常的啮合。

7. 蜗杆传动的标准中心距a

蜗杆传动的标准中心距为

$$a=\frac{1}{2}\left(d_1+d_2\right)=\frac{1}{2}\left(q+z_2\right)m \tag{9-6}$$

9.2.2 蜗杆传动的变位

为了配凑中心距或提高蜗杆传动的承载能力及传动效率，常采用变位蜗杆传动。变位方法与齿轮传动的变位方法相似，也是在切削时，利用刀具相对于蜗轮毛坯的径向位移来实现变位。但是在蜗杆传动中，由于蜗杆的齿廓形状和尺寸要与加工蜗轮的滚刀形状和尺寸相同，所以为了保持刀具尺寸不变，蜗杆尺寸是不能变动的。因而只能对蜗轮进行变位。变位后，蜗轮的分度圆和节圆仍旧重合，只是蜗杆在中间平面内的节线有所改变，不再与其分度线重合。

蜗轮的变位系数x_2计算如下式

$$x_2=\frac{a'-a}{m} \tag{9-7}$$

式中，a为标准传动的中心距；a'为变位后的实际中心距。

9.2.3 蜗杆传动的几何尺寸计算

蜗杆、蜗轮的齿顶高、齿根高、齿全高、齿顶圆直径、齿根圆直径可用直齿轮公式计算，具体计算公式见表9-1。

表9-1 蜗杆传动的几何尺寸计算

名称	符号	蜗杆	蜗轮
齿顶高	h_a	$h_a=h_a^*m$	
齿根高	h_f	$h_f=\left(h_a^*+c^*\right)m$	
全齿高	h	$h=h_a+h_f=\left(2h_a^*+c^*\right)m$	
分度圆直径	d	按规定选取	$d_2=mz_2$
齿顶圆直径	d_a	$d_{a1}=d_1+2h_a$	$d_{a2}=d_2+2h_a$
齿根圆直径	d_f	$d_{f1}=d_1-2h_f$	$d_{f2}=d_2-2h_f$
蜗杆导程角	γ	$\gamma=\arctan\left(mz_1/d_1\right)$	—
蜗轮螺旋角	β	—	$\beta=\gamma$
中心距	a	$a=\left(d_1+d_2\right)/2$	

9.2.4 蜗杆蜗轮运动方向的判定

蜗杆、蜗轮螺旋线方向判别同螺纹。运动方向的判定采用左右手法则：右旋用右手，左旋用左手，大拇指与食指垂直，四指握拳方向为蜗杆转动方向，则大拇指指向的反方向为啮合点蜗轮的速度方向。

9.3 蜗杆传动的设计计算

9.3.1 蜗杆传动的失效形式与材料选择

1. 蜗杆传动的失效形式和计算准则

蜗杆传动的失效形式和齿轮传动的失效形式相同，且类似于螺旋传动。蜗杆传动的效率低，相对滑动速度较大，发热量大，易产生胶合和磨损，主要失效形式有齿面胶合、点蚀、磨损和轮齿折断等。由于材料和齿形的原因，蜗杆螺纹部分的强度要高于蜗轮轮齿的强度，失效通常发生在蜗轮轮齿上。因此，一般只对蜗轮轮齿进行强度计算，必要时对蜗杆进行强度计算和刚度校核。

蜗杆传动通常只进行齿根弯曲疲劳强度计算和齿面接触疲劳强度计算。由于目前对胶合和磨损尚无可靠的计算方法，针对此类失效形式，通常按齿面接触疲劳强度条件计算，而对胶合与磨损等失效因素的影响，在选择许用应力时适当考虑。

在闭式蜗杆传动中，主要失效形式是齿面胶合和点蚀，首先按齿面接触疲劳强度进行设计（确定主要几何尺寸），然后按齿根弯曲疲劳强度进行校核。当$z_2 > 80 \sim 100$时，则用轮齿弯曲疲劳强度进行设计。闭式蜗杆传动散热条件较差，如果润滑不良，则容易引起润滑失效并导致齿面胶合，使蜗杆传动的承载能力受到抗胶合能力的限制。因此对连续工作的蜗杆传动必须进行热平衡计算。

在开式蜗杆传动中，主要失效形式是齿面磨损和轮齿折断，通常只需要按齿根弯曲疲劳强度进行设计计算。

2. 蜗杆传动的常用材料

由蜗杆传动的失效形式可知，蜗杆、蜗轮的材料首先要具有良好的减摩性、耐磨性和跑合性，其次必须满足一定的强度要求。当蜗杆齿面满足一定的粗糙度要求后，蜗杆和蜗轮的齿面硬度差愈大，蜗杆传动的抗胶合能力愈强，而且蜗杆的齿面硬度应高于蜗轮，这就要求蜗杆材料应具有良好的热处理、切削和磨削性能。

（1）蜗杆材料。蜗杆一般用碳素钢或合金钢制造，齿面经渗碳淬火或调质后渗氮等热处理方法获得较高的硬度，增加耐磨性。

（2）蜗轮材料。蜗轮一般用与蜗杆材料的减摩性相匹配的较软材料制造，常用的有铸造锡青铜（ZCuSn10Pb1、ZCuSn5Pb5Zn5）、铝铁青铜（ZCuAl10Fe3）、灰铸铁（HT200、HT150）和球墨铸铁等。锡青铜易跑合，减摩性和耐磨性最好，抗胶合能力强，但强度低、价格高，适用于相对滑动速度大的重要场合；铝铁青铜的硬度比锡青铜的高，具有足够的强度，价格低廉，但减摩性、耐磨性和抗胶合能力均不如锡青铜，一般用于相对滑动速度不大的重要场合；灰铸铁用于相对滑动速度低（$v < 2$ m/s），对效率要求不高的场合。为了防止变形，常对蜗轮进行时效处理。

在选用蜗轮、蜗杆材料时应考虑配对使用，如蜗轮采用铝铁青铜时，蜗杆材料应选用硬齿面的淬火钢。

9.3.2 蜗杆传动的受力分析与计算载荷

1. 蜗杆传动的受力分析

对蜗杆传动进行受力分析之前，首先要按照螺旋副的运动规律确定出蜗轮、蜗杆的转动方向。

蜗杆传动的受力分析和斜齿圆柱齿轮传动的相似，由于蜗杆传动中的摩擦损失较大，在进行受力分析时，应考虑齿面间的摩擦力对传动的影响。

图9-6为以右旋蜗杆为主动件，并沿图示方向旋转时，蜗杆螺旋面上的受力情况。取点C为受力点进行受力分析，作用在蜗杆齿面上的法向力F_n可分解为三个互相垂直的分力，即切向力F_{t1}、径向力F_{r1}和轴向力F_{a1}。当蜗杆主动时，蜗杆上啮合面的摩擦力为$F_f=f_v=F_n$，其中f_v为当量摩擦系数，F_f的方向与相对滑动速度的方向相反，且沿着蜗杆螺旋线的方向。

已知蜗杆传动功率P_1、蜗杆转速n_1，则有

$$T_1 = 9\,549\frac{P_1}{n_1} \tag{9-8}$$

$$T_2 = T_1 i\eta \tag{9-9}$$

式中，T_1为蜗杆转矩，N·m；T_2为蜗轮转矩，N·m；i为传动比；η为蜗杆传动的总效率。

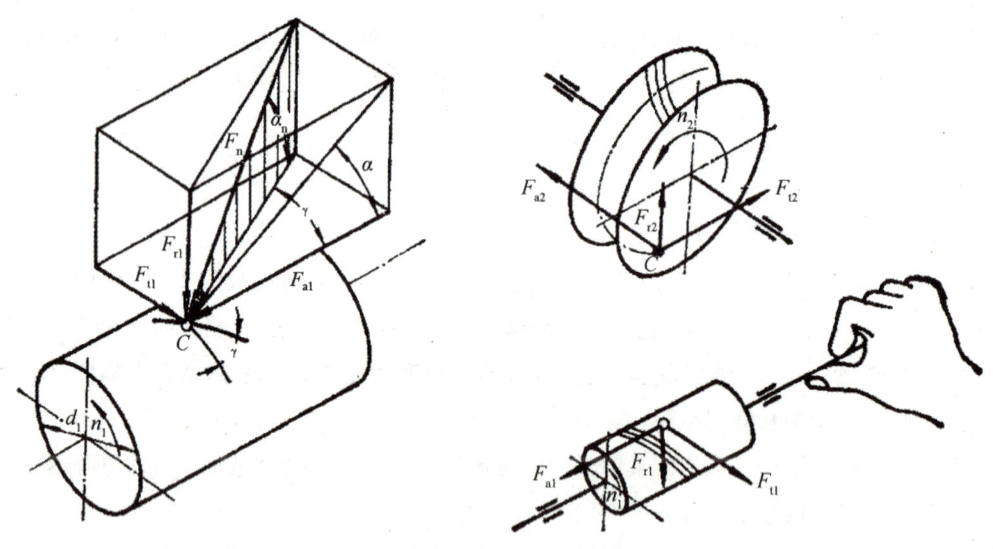

图9-6 蜗杆传动的受力分析

当忽略摩擦力的影响时，蜗杆传动中各力的大小可按式(9-10)计算，即

$$\begin{cases} F_{t1} = F_{a2} = 2\,000\dfrac{T_1}{d_1} \\ F_{a1} = F_{t2} = 2\,000\dfrac{T_2}{d_2} = 2\,000i\eta\dfrac{T_1}{d_2} \\ F_{r1} = F_{r2} \approx F_{t2}\tan\alpha \\ F_n \approx \dfrac{F_{a1}}{\cos\alpha_n\cos\gamma} = \dfrac{F_{t2}}{\cos\alpha_n\cos\gamma} = \dfrac{2\,000T_2}{d_2\cos\alpha_n\cos\gamma} \end{cases} \tag{9-10}$$

蜗轮的受力分析与蜗杆的相似，这时蜗轮是从动件。由图9-6可知，作用在蜗杆上的轴向力F_{a1}与蜗轮所受切向力F_{t2}大小相等、方向相反。同理，F_{t1}与F_{a2}，F_{r1}与F_{r2}均大小相等、方向相反，即

$$\begin{cases} F_{a1} = -F_{t2} \\ F_{t1} = -F_{a2} \\ F_{r1} = -F_{r2} \end{cases} \tag{9-11}$$

蜗杆传动中的受力分析要特别注意判定受力方向。当蜗杆为主动件时，蜗杆上的切向力F_{t1}起阻碍作用，方向与蜗杆转动方向相反，而蜗轮上的切向力F_{t2}方向与蜗轮传动方向相同。径向力F_r的方向在蜗杆和蜗轮上均由啮合点分别指向轴心。轴向力F_{a1}的方向与蜗杆螺旋线旋向和蜗杆的转向有关，可用主动轮的左右手定则来判断：蜗杆左旋用左手，蜗杆右旋用右手，用手握住蜗杆，握紧的四指所指方向表示蜗杆的转向，大拇指伸直的指向表示轴向力F_{a1}的作用方向，而蜗轮上轴向力F_{a2}的方向则与F_{t1}相反。

当蜗杆的回转方向和螺旋方向已知时，由左右手定则来确定F_{a1}的方向，F_{t2}与F_{a1}的方向相反，再由F_{t2}与n_2方向相同便可确定蜗轮的转动方向。

2. 蜗杆传动的计算载荷

蜗杆传动与齿轮传动一样，由于外部和内部的原因，轮齿实际受载要大于名义载荷，即法向力F_n。蜗杆传动的计算载荷F_c是名义载荷F_n与载荷系数K的乘积，即

$$F_c = KF_n \tag{9-12}$$

$$K = K_A K_v K_\beta \tag{9-13}$$

式中，K_A为使用系数，其意义与齿轮传动的使用系数相似，由表9-2查取；K_v为动载系数，蜗杆传动比较稳定。因此K_v值较小，当$v_2 \leqslant 3$ m/s时，取$K_v = 1\sim1.1$；当$v_2 > 3$ m/s时，取$K_v = 1.1\sim1.2$。K_β为齿向载荷分布系数，当载荷稳定，蜗杆材料较软而易于跑合，使偏载现象得到改善时，取$K_\beta = 1$；当载荷变化大或有冲击振动，蜗杆由于变形不固定，不可能因跑合使载荷分布均匀时，取$K_\beta = 1.1\sim1.5$，蜗杆刚度大时取小值，反之取大值。

表9-2 蜗杆传动的使用系数K_A

原动机	工作机的载荷性质		
	平稳	中等冲击	严重冲击
电动机、汽轮机	0.80~1.25	1.50~1.90	1.00~1.75
多缸内燃机	0.90~1.50	1.00~1.75	1.25~2.00
单缸内燃机	1.00~1.75	1.25~2.00	1.50~2.25

第10章

齿轮系

10.1 齿轮系及其分类

在实际机械中，为了满足不同的工作需要，仅用一对齿轮组成的齿轮机构往往是不够的，需用由一系列齿轮所组成的齿轮机构来传动。这种由一系列的齿轮所组成的齿轮传动系统称为齿轮系，简称轮系。

根据轮系运转时各个齿轮的轴线相对于机架的位置是否固定，可将轮系分为以下三大类。

10.1.1 定轴轮系

如果在轮系运转时，其各个齿轮的轴线相对于机架的位置都是固定的，则称这种轮系为定轴轮系。

由轴线互相平行的圆柱齿轮组成的定轴齿轮系，称为平面定轴齿轮系，如图10-1所示。包含有相交轴齿轮、相错轴齿轮或蜗杆蜗轮的定轴齿轮系，称为空间定轴齿轮系，如图10-2所示。

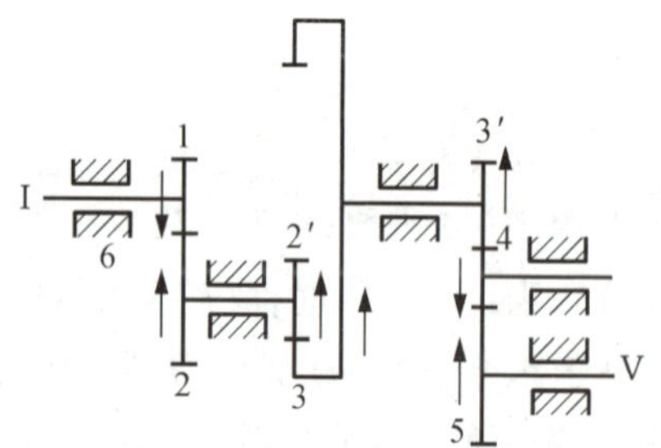

图10-1 平面定轴齿轮系

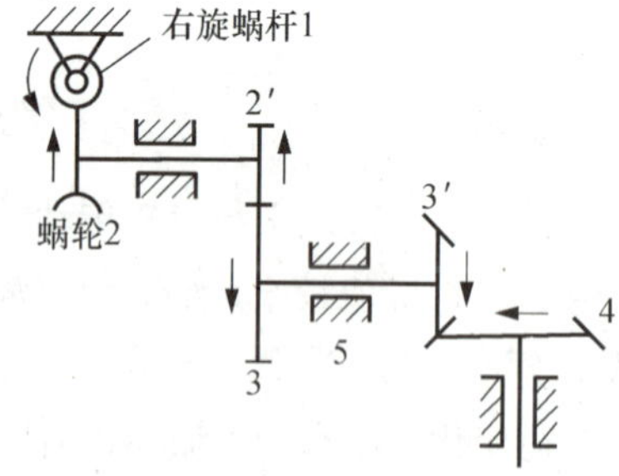

图10-2 空间定轴齿轮系

10.1.2 周转轮系

如果在轮系运转时，其中至少有一个齿轮轴线的位置并不固定，而是绕着其他齿轮的固定轴线回转，则称这种轮系为周转轮系。如图10-3所示的周转轮系，在轮系运转时，齿轮1和齿轮3的几何轴线的位置固定不变，而双联齿轮2-2′的几何轴线的位置却在发生变化，它绕着齿轮1和

齿轮3的固定几何轴线转动。这种至少有一个齿轮的几何轴线绕着其他齿轮的固定轴线转动的轮系，称为周转轮系。

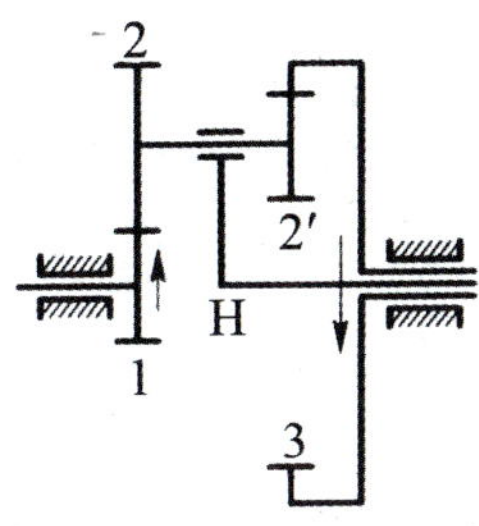

图10-3　周转轮系

10.1.3　复合轮系

在实际机械中所用的轮系，往往既包含定轴轮系部分，又包含周转轮系部分，或者是由几部分周转轮系组成的，这种轮系称为复合轮系。

10.2 定轴轮系的传动比

一对齿轮的传动比是指两齿轮的角速度之比，而轮系的传动比，则是指轮系中首、末两构件的角速度之比。轮系的传动比包括传动比的大小和首、末端构件的转向关系两方面内容。

10.2.1　传动比大小的计算

现以图10-4所示定轴轮系为例来介绍定轴轮系传动比大小的计算方法。设各轮的齿数为 z_1、z_2……各轮的转速为 n_1、n_2……则该轮系的传动比大小 i_{15} 可由各对啮合齿轮的传动比求出。

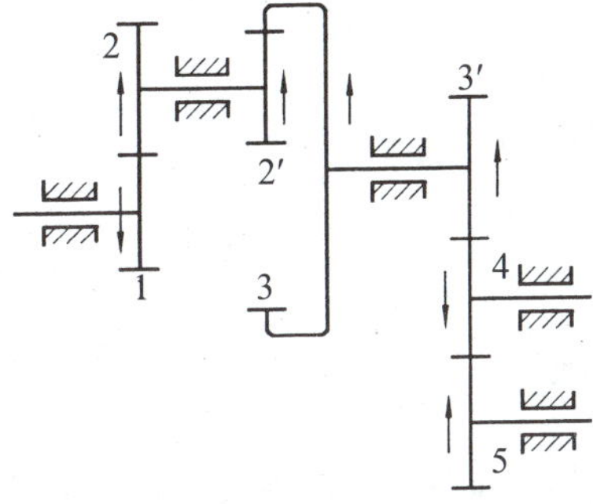

图10-4　定轴轮系示意图

该轮系中各对啮合齿轮的传动比分别为

$$i_{12}=\frac{n_1}{n_2}=-\frac{z_2}{z_1}\quad i_{2'3}=\frac{n_{2'}}{n_3}=+\frac{z_3}{z_{2'}}\quad i_{3'4}=\frac{n_{3'}}{n_4}=-\frac{z_4}{z_{3'}}\quad i_{45}=\frac{n_4}{n_5}=-\frac{z_5}{z_4}$$

将以上各等式两边连乘，并考虑到$n_2 = n_{2'}$，$n_3 = n_{3'}$，可得

$$i_{12}i_{2'3}i_{3'4}i_{45} = (-1)^3 \frac{z_2 z_3 z_4 z_5}{z_1 z_{2'} z_{3'} z_4} = (-1)^3 \frac{n_1 n_{2'} n_{3'} n_4}{n_2 n_3 n_4 n_5}$$

$$i_{15} = \frac{n_1}{n_5} = i_{12}i_{2'3}i_{3'4}i_{45} = (-1)^3 \frac{z_2 z_3 z_5}{z_1 z_{2'} z_{3'}}$$

上式表明，定轴轮系传动比的大小等于组成该轮系的各对啮合齿轮传动比的连乘积，也等于各对啮合齿轮中所有从动轮齿数乘积与所有主动轮齿数乘积之比，即

$$\text{定轴轮系的传动比(大小)} = \frac{\text{所有从动轮齿数乘积}}{\text{所有主动轮齿数乘积}} \tag{10-1}$$

10.2.2 首、末轮转向关系的确定

在上述轮系中，设首轮1的转向已知，并如图中箭头所示(箭头方向表示齿轮可见侧的圆周速度的方向)，则首、末两轮的转向关系可用标注箭头的方法来确定，如图10-4所示。因为一对啮合传动的圆柱或圆锥齿轮在其啮合节点处的圆周速度是相同的，所以标志两者转向的箭头不是同时指向节点，就是同时背离节点。根据此法则，在用箭头标出轮1的转向后，其余各轮的转向便可依次用箭头标出，由图10-4可见，该轮系首、末两轮的转向相反。

当首、末两轮的轴线彼此平行时，两轮的转向不是相同就是相反。当两者的转向相同时，如内啮合齿轮，规定其传动比为“+”；反之，外啮合齿轮转向相反为“－”。故图10-4轮系的传动比为

$$i_{15} = \frac{n_1}{n_5} = -\frac{z_2 z_3 z_5}{z_1 z_{2'} z_{3'}}$$

故定轴轮系首、末两轮传动比计算的一般公式为

$$\text{定轴轮系的传动比} = (-1)^m \frac{\text{所有从动轮齿数乘积}}{\text{所有主动轮齿数乘积}} \tag{10-2}$$

式中，m为轮系中外啮合齿轮的对数。

但必须指出，若首、末两轮的轴线不平行，则其间的转向关系只能在图上用箭头来表示。

10.3 周转轮系的传动比

10.3.1 周转轮系的组成

定轴轮系中各齿轮的运动，都是简单地绕定轴回转。而周转轮系至少有一个齿轮的轴线是不固定的，而是绕着另一个固定轴线回转，此齿轮既做自转又做公转，故周转轮系各齿轮间的运动关系和定轴轮系不同，传动比的计算方法也不一样。为了计算周转轮系的传动比，首先应了解周转轮系的组成和运动特点。

如图10-5所示的周转轮系中，齿轮1和齿轮3都绕固定轴线$O—O$回转，这种绕固定轴回转的齿轮称为太阳轮。构件H带着齿轮2的轴线绕太阳轮的轴线回转，这种具有运动几何轴线的齿轮称为行星轮，而构件H称为系杆或转臂。

在周转轮系中，太阳轮和系杆的回转轴线都是固定的，称它们为周转轮系的基本构件。基本构件的轴线是共线的，否则整个轮系将不能运动。

周转轮系分为行星轮系与差动轮系。太阳轮都能转动的周转轮系称为差动轮系，如图10-5(a)；有一个太阳轮固定不动的周转轮系称为行星轮系，如图10-5(b)。

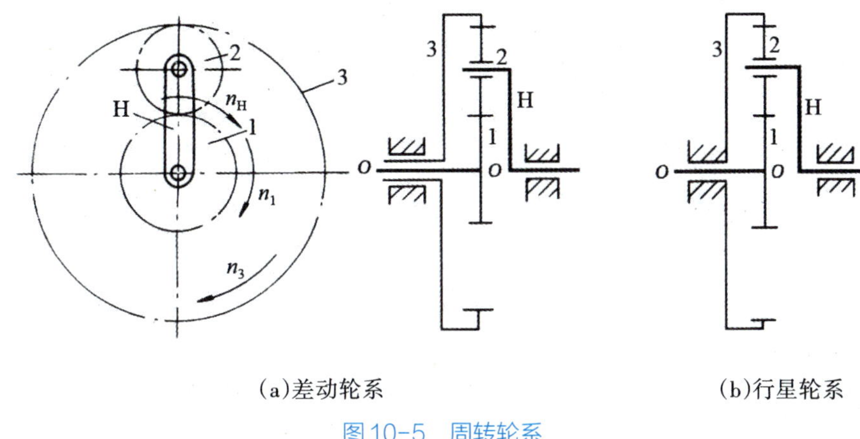

图10-5　周转轮系

10.3.2　周转轮系传动比的计算

以图10-6所示的周转轮系为例。设太阳轮、行星轮和系杆的转速分别为n_1、n_2、n_3和n_H，转向均为逆时针方向。假定转动方向沿逆时针方向为正，顺时针方向为负。周转轮系中的行星齿轮做复杂运动是由系杆的回转运动造成的，如果系杆的转速n_H=0，此时，轮系即为定轴轮系。根据相对运动原理，假想给整个周转轮系加一个顺时针方向的转速，即加一个"$-n_H$"，则各构件之间的相对运动关系不变，而这时系杆就"静止不动"($n_H-n_H=0$)，于是周转轮系便转化成为定轴轮系，如图10-7所示。这种经过一定条件的转化所得到的假想的定轴轮系，称为原周转轮系的转化机构。

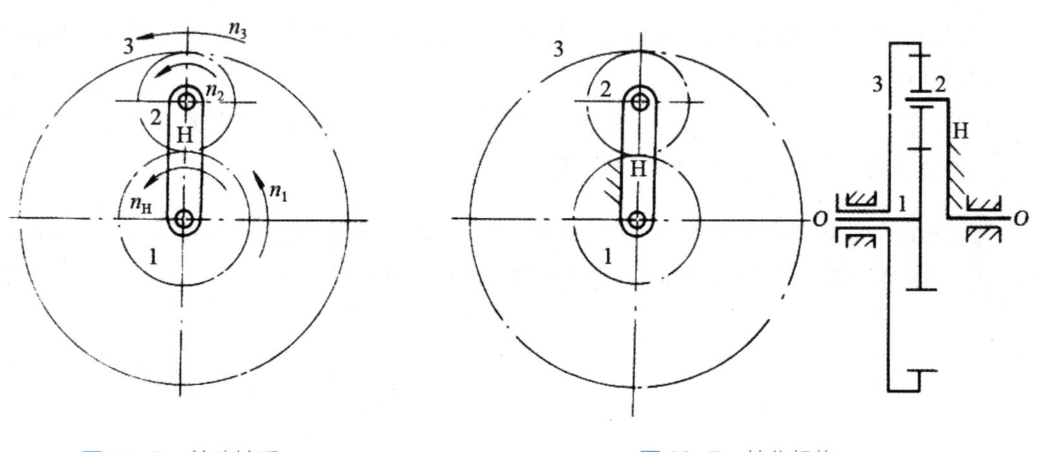

图10-6　差动轮系　　图10-7　转化机构

由于转化机构是一个定轴轮系，所以可用定轴轮系传动比的计算方法，求得转化机构的传动比i_{13}^{H}为

$$i_{13}^{H}=\frac{n_1^H}{n_3^H}=\frac{n_1-n_H}{n_3-n_H}=\frac{z_2z_3}{z_1z_2}=-\frac{z_3}{z_1}$$

式中，“－”号表示转化机构中齿轮1与齿轮3的转向相反。

根据上述原理，不难求得周转轮系传动比的一般计算公式。设以1和K代表周转轮系中的两个太阳轮，以H代表系杆，其中轮1为主动轮，则其转化机构的传动比i_{1K}^{H}为

$$i_{1K}^{H}=\frac{n_1-n_H}{n_K-n_H}=(-1)^m\frac{\text{从齿轮1到齿轮K之间所有从动轮齿数乘积}}{\text{从齿轮1到齿轮K之间所有主动轮齿数乘积}} \tag{10-3}$$

10.4 复合轮系的传动比

由10.1节可知，复合轮系是指在轮系中或既包含定轴轮系部分，又包含周转轮系部分，或包含几部分周转轮系。由于整个复合轮系不可能转化为一个定轴轮系。因此不能只用一个公式来计算复合轮系的传动比，而是要考虑到其组成特点，按照以下三个步骤进行。

(1)区分基本轮系。区分基本轮系是指将复合轮系中所包含的定轴轮系和各个单一的周转轮系加以正确的区分。

首先要找出各个单一的周转轮系。周转轮系的特点就是具有行星轮。因此，找出单一的周转轮系的关键是要找到行星轮。如果在轮系的转动过程中，某个齿轮的几何轴线的位置不固定，则这个齿轮就是行星轮。支持行星轮运动的构件就是系杆，系杆的形状不一定是简单的杆状，可以是齿轮或滚筒。与行星轮相啮合，且其转动轴线与系杆的转动轴线重合的定轴齿轮就是中心轮。每一个系杆、行星轮、中心轮及机架就组成一个单一的周转轮系。以此类推，按照同样的方法可以逐个找出复合轮系中其他单一的周转轮系。

其次要找出定轴轮系。在找出所有单一的周转轮系之后，剩下的一系列相互啮合且轴线位置固定不变的齿轮，便是定轴轮系。

(2)分别计算各个基本轮系的传动比。针对定轴轮系和每一个单一的周转轮系，分别列出其传动比的计算公式。

(3)联立求解。将传动比的计算公式联立求解，找出各个基本轮系之间的内在相互关系，即可得到所需要的传动比或某一个构件的转速。

例9-1 在图10-8所示的轮系中，已知各个齿轮的齿数分别是z_1=48，z_2=27，$z_{2'}$=45，z_3=102，z_4=120，设输入转速n_1=3 750 r/min。求齿轮4的转速n_4和传动比i_{14}。

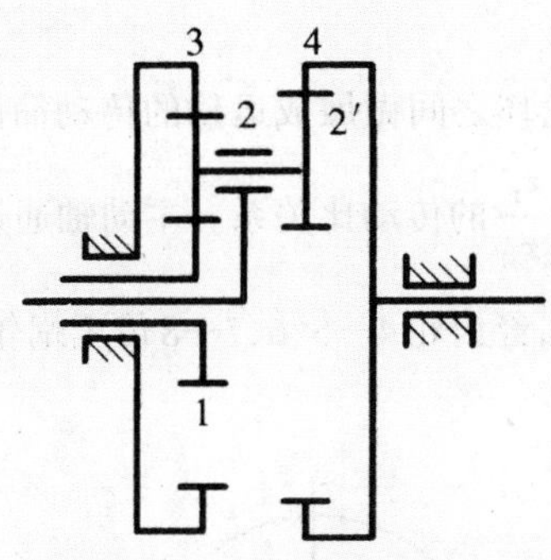

图10-8　复合轮系

解 在该图示的轮系中，双联齿轮2—2′是行星轮。齿轮1、齿轮3和齿轮4是中心轮。对于每一个单一的周转轮系，机构中只有一个转动的系杆，而中心轮的数目不能超过两个。所以，该图示的轮系为两个单一的周转轮系组成的复合轮系。

(1)区分基本轮系

在复合轮系中，齿轮1、齿轮3和双联齿轮2—2′组成行星轮系；齿轮1、齿轮4和双联齿轮2—2′组成差动轮系。

(2)分别计算两个基本轮系的传动比

在行星轮系中：

$$i_{13}^{H}=\frac{n_1^{H}}{n_3^{H}}=\frac{n_1-n_H}{n_3-n_H}=-\frac{z_2z_3}{z_1z_2}=-\frac{z_3}{z_1}=-\frac{102}{48}=-2.215$$

$n_3=0$，将数值带入，并进行计算，可求出系杆H的转速

$$n_H=1\,200\ \text{r/min}$$

在差动轮系中：

$$i_{14}^{H}=\frac{n_1^{H}}{n_4^{H}}=\frac{n_1-n_H}{n_4-n_H}=-\frac{z_2z_4}{z_1z_{2'}}=-\frac{27\times120}{48\times45}=-1.5$$

(3)求齿轮4的转速

将系杆H的转速$n_H=1\,200$ r/min代入差动轮系的计算公式中，可求得齿轮的转速$n_4=-500$ r/min。将以上两个传动比的计算公式联立求解，即可得到所需要的传动比。

(4)求传动比i_{14}

$$i_{14}=\frac{n_1}{n_4}=\frac{3\,750}{-500}=-7.5$$

10.5 齿轮系的应用

在各种机械中齿轮系的应用十分广泛，其功用大致可以归纳为以下几个方面。

(1)实现分路传动。利用轮系可以使一个主动轴带动若干个从动轴同时旋转，以带动各个部

件或附件同时工作。

图10-9为滚齿机上滚刀与轮坯之间做展成运动的传动简图。滚齿加工要求滚刀的转速与轮坯的转速必须满足$i_{刀坯}=\frac{n_{刀}}{n_{坯}}=\frac{z_{坯}}{z_{刀}}$的传动比关系。主动轴通过锥齿轮1，经齿轮2，将运动传给滚刀，同时主动轴又通过直齿轮3，经齿轮4—5、6、7—8传至蜗轮9，带动被加工的轮坯转动，以满足滚刀与轮坯的传动比要求。

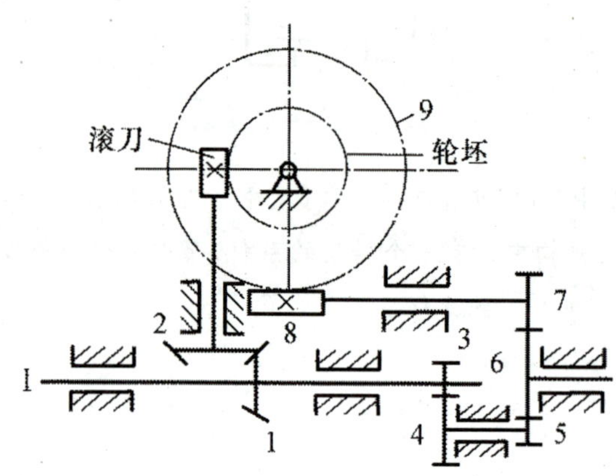

图10-9　分路传动

(2)获得较大的传动比。一对齿轮的传动比是有限的，当需要大的传动比时应采用轮系来实现，特别是采用周转轮系，可用很少的齿轮、紧凑的结构，得到很大的传动比。

(3)实现变速传动。在主动轴转速不变的条件下，利用轮系可使从动轴得到若干种转速，这种传动称为变速传动。如图10-10所示的汽车变速箱，可使输出轴得到4个档位的转速。一般机床、起重机等设备上也都需要这种变速传动。

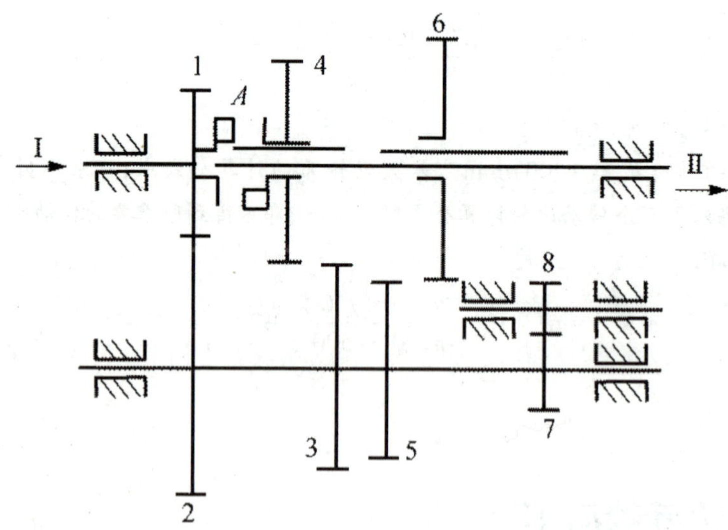

图10-10　变速传动

(4)实现换向传动。在主动轴转向不变的条件下，利用轮系可改变从动轴的转向。图10-11为车床上走刀丝杆的三星轮换向机构，扳动手柄a可实现两种传动方案。由于两方案仅相差一次外啮合，故从动轮4相对于主动轴有两种输出转向。

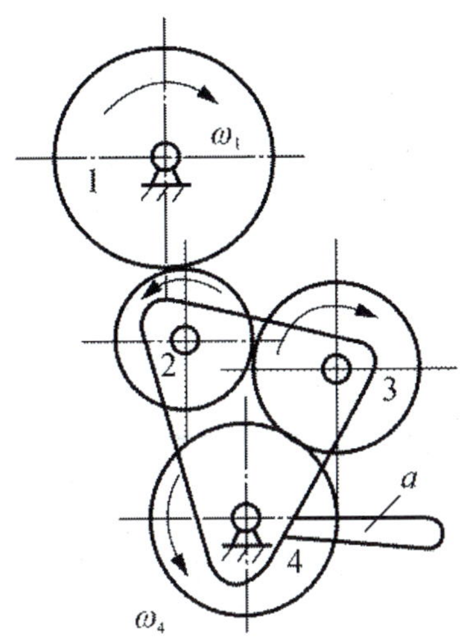

(a)从动轮4与主动轮1转向相反

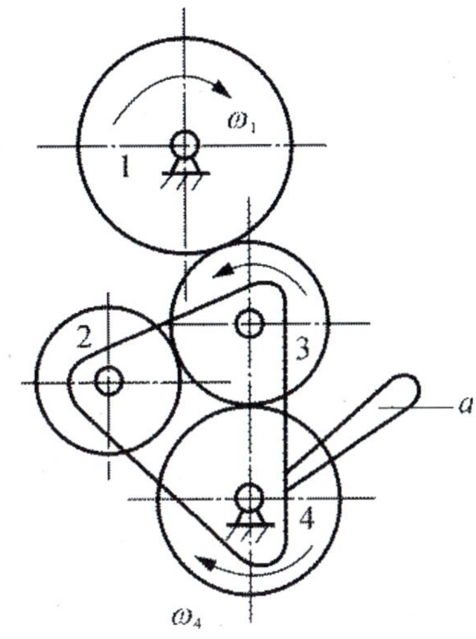

(b)从动轮4与主动轮1转向相同

图10-11 换向传动

(5)用作运动的合成。因差动轮系有两个自由度，故可独立输入两个主动运动，输出运动即为此两运动的合成。

(6)用作运动的分解。差动轮系也可做运动的分解，即将一个主动运动按可变的比例分解为两个从动运动。

(7)在尺寸及重量较小的条件下，实现大功率传动。在机械制造业中，特别是在飞行器制造中，人们日益期望在尺寸小、重量轻的条件下实现大功率传动，而采用周转轮系可以较好地满足这种期望。

第11章

轴与轮毂连接

轴是组成机器的重要零件之一，有两个主要功能：一是支承做回转运动的零件（如凸轮、齿轮、带轮及联轴器等），并保证其具有确定的工作位置；二是传递运动和动力。

11.1 轴的分类

常见的轴的分类方法主要有以下几种。

11.1.1 根据轴线形状分类

根据轴的中心线形状的不同，轴可分为直轴、曲轴和挠性轴。

（1）直轴。直轴常用于一般机械传动中。按轴径是否变化，直轴可分为阶梯轴和光轴；按心部结构不同，直轴又可分为实心轴和空心轴。

图11-1所示的光轴具有结构简单、设计加工方便、成本低和应力集中源少等优点，但安装于轴上的零件不易实现装配和定位，主要用作心轴和传动轴。图11-2所示的阶梯轴由不同外径的轴段组成，便于实现轴上零件的装拆、定位与固定，受力也比较合理，因而应用极为广泛，主要用作转轴。

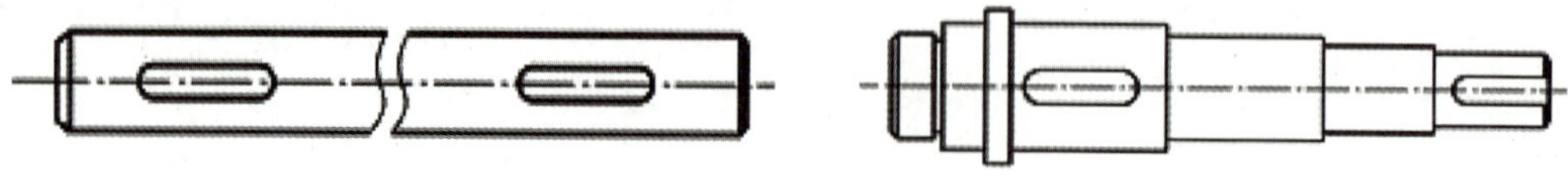

图11-1　光轴　　　图11-2　阶梯轴

（2）曲轴。曲轴如图11-3所示，常用于往复式机械中，实现运动方式的转换，属于专用零件。

（3）挠性轴。挠性轴如图11-4所示，是由几层紧贴在一起的钢丝卷绕而成，可以将扭矩和回转运动传递到空间任意位置。

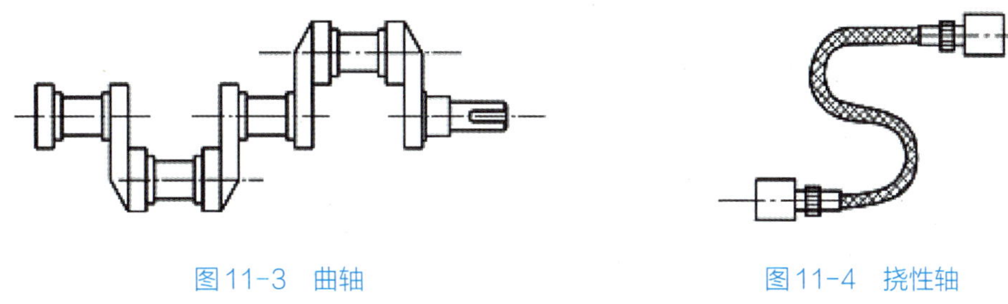

图11-3　曲轴　　　　图11-4　挠性轴

11.1.2　根据轴所受载荷性质分类

根据轴所受载荷性质的不同，轴可分为心轴、传动轴和转轴三类。

（1）心轴。心轴是工作时只承受弯矩而不传递转矩的轴，如图11-5所示。根据轴转动与否，心轴又可分为转动心轴和固定心轴两种。转动心轴工作时随回转零件一起转动，如火车车轮轴和滑轮轴等，其所受弯曲应力为对称循环应力；固定心轴工作时不随回转零件一起转动，如自行车的轮轴，其所受弯曲应力为静应力。

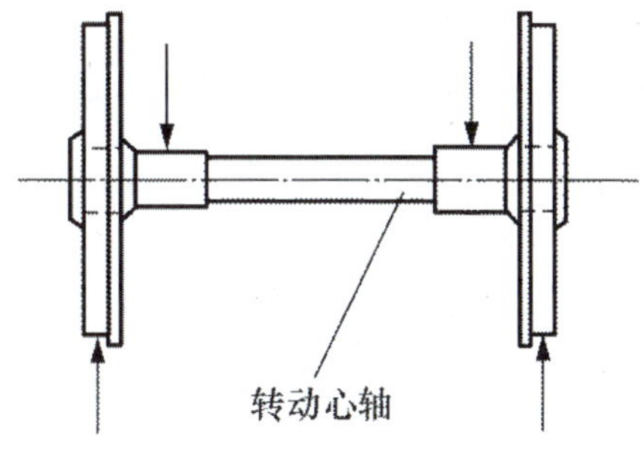

图11-5　心轴

（2）传动轴。传动轴是工作时只传递转矩而不承受弯矩或弯矩很小的轴，如图11-6所示。如连接汽车变速器输出轴和后桥的轴即为传动轴。

（3）转轴。转轴是工作时既承受弯矩又承受转矩的轴，如图11-7所示。转轴在机器中应用最广泛，如支承齿轮、带轮的轴均为转轴。

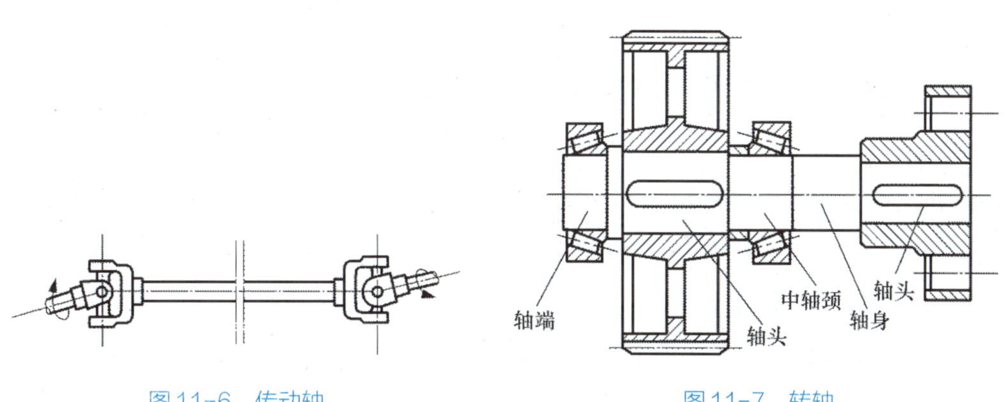

图11-6　传动轴　　　　图11-7　转轴

11.2 轴的结构设计

轴的结构设计就是使轴的各部分具有合理的形状和尺寸。只有完成了结构设计，才能对轴的强度、刚度和振动稳定性等进行精确地分析和计算。图11-8为典型的轴结构，主要由轴颈、轴头和轴身三部分组成。其中，被轴承支承的部分称为轴颈，安装传动件轮毂的部分称为轴头，连接轴颈和轴头的部分称为轴身。一般来讲，轴的结构设计应满足以下要求：①轴应便于加工，轴上零件要易于安装、调整和拆卸（制造安装要求）；②轴和轴上零件要有准确的工作位置（定位）；③轴上各零件要牢固而可靠地相对固定（固定）；④改善轴的受力状况，减小应力集中和提高疲劳强度。

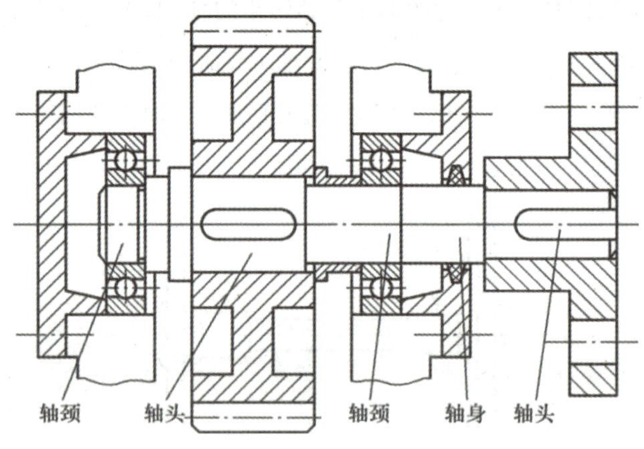

图11-8 典型的轴结构及各部分名称

11.2.1 轴上零件的装配方案确定

结构设计前，首先应该确定轴上零件的装配方案，即确定轴上零件的装配方向、装配顺序和相互关系。装配方案不同，得到轴的结构形式也不同。因此，在确定装配方案时，通常是先考虑几种不同的装配方案，经过分析比较，最终选定最佳方案。装配方案确定后，轴的初步结构形状也就基本确定。

11.2.2 轴上零件的定位与固定

为保证轴上零件能正常工作，零件在轴上必须有准确的工作位置，而且应该保证轴上零件在承受载荷时不产生沿轴向或周向的相对运动。因此，轴上零件不但应具有准确的定位，而且固定还要可靠，以保证能传递要求的运动和动力。

1. 轴上零件的周向固定

轴上零件要实现运动和动力的正确传递，就必须实现可靠的周向定位与固定，以限制轴上零

件与轴之间的相对转动。常用的周向固定方法有键、花键、销、紧定螺钉、型面及过盈连接等，这类连接常称为轴毂连接。图11-9给出了几种常用的轴上零件的周向固定方法。

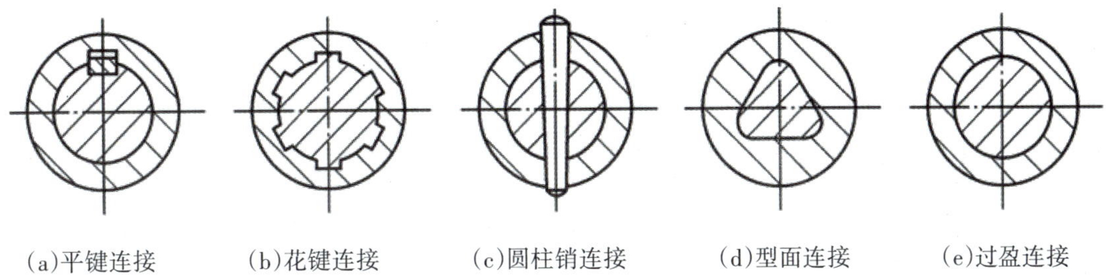

图11-9　轴上零件的周向固定方法

周向固定方法的选择，常受到载荷的大小与性质、轴与轮毂的对中性精度及加工难易程度等因素的影响。例如，一般情况下的齿轮与轴之间可采用平键连接，需要传递的载荷较大且对中要求较高时，可采用花键连接，轻载时则可采用紧定螺钉连接等。

2. 轴上零件的轴向固定

当选择轴上零件的轴向定位与固定方法时，主要应考虑轴向力的大小、轴的加工、轴上零件装拆的难易程度、对轴强度的影响及工作可靠性等因素的影响。轴上零件的轴向定位与固定方法通常可分为两类：一类是利用轴本身的结构来实现，如轴肩、轴环、圆锥面及过盈配合等；另一类是用附加零件来实现，如套筒、圆螺母、轴端挡圈、弹性挡圈及紧定螺钉等。

(1)轴肩与轴环。轴肩与轴环由定位面和过渡圆角组成，二者功能基本相同，如图11-10所示。轴肩与轴环结构简单、定位可靠，常用于轴向载荷较大的场合，其缺点是会加大轴的直径，并在截面变化处产生应力集中。为了保证零件能紧靠轴肩（或轴环）的定位面而使定位准确可靠，其过渡圆角半径r必须小于与之相配合的零件毂孔端部的圆角半径R或倒角尺寸C。通常，定位轴肩（或轴环）的高度推荐值为$h=(0.07\sim0.1)d$，其中d为与轴上零件相配合处的轴的直径。轴环宽度一般可取为$b\geq1.4h$。

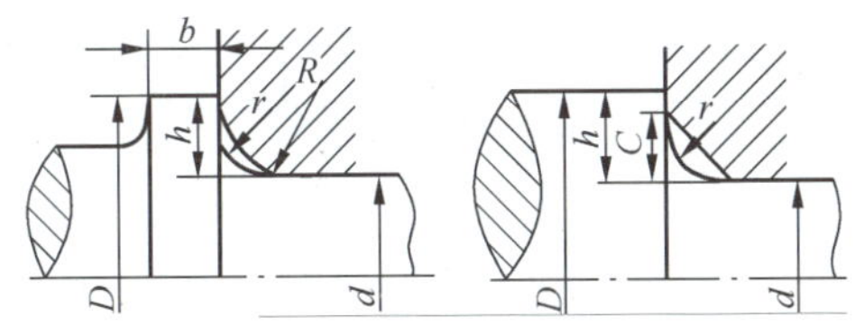

图11-10　轴肩与轴环定位

(2)套筒。套筒通常适用于轴上两个零件之间的定位与固定，它具有结构简单、定位可靠以及可减少应力集中源等优点。由于套筒的两个端面为工作面，因此平行度和垂直度要求较高。当轴上两个零件相距较远时，不宜采用套筒定位，以避免增加轴系的质量和材料。此外，由于套筒与轴之间的配合为间隙配合，套筒不适用于轴高速旋转的情况。

(3)圆螺母。圆螺母常用于轴端零件的固定，也适用于轴上相距较远（不宜采用套筒定位）的两相邻零件间的定位与固定，如图11-11所示。定位与固定时，可以采用双圆螺母或圆螺母+止动垫圈两种形式。圆螺母具有装拆方便、可承受较大轴向载荷等优点，但轴上螺纹处存在较大的应力集中，从而会降低轴的疲劳强度。因此，一般采用细牙螺纹以减小应力集中和对轴强度的影响。

(4)轴端挡圈。轴端挡圈(也叫轴端挡板)常用于轴端零件的固定，如图11-12所示。轴端挡圈可承受较大的轴向载荷，而且具有简单可靠、装拆方便等优点。通常采用单螺钉+锁定圆柱销或双螺钉+止动垫片两种方法，使挡圈压紧轴上被固定零件的端面。

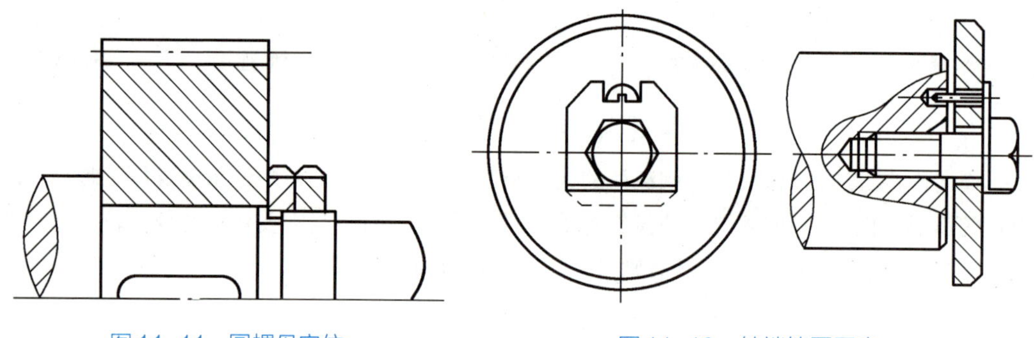

图11-11　圆螺母定位

图11-12　轴端挡圈固定

(5)弹性挡圈。弹性挡圈固定如图11-13所示。当轴向载荷较小时，可采用弹性挡圈实现固定。由于使用弹性挡圈时需要在轴上加工出环形槽，因此对轴的疲劳强度削弱较大。

(6)紧定螺钉。紧定螺钉固定如图11-14所示。紧定螺钉可单独使用，也可与锁紧挡圈配合使用，其优点是可同时起到轴向和周向固定的作用，但仅适用于轴向载荷较小的场合。

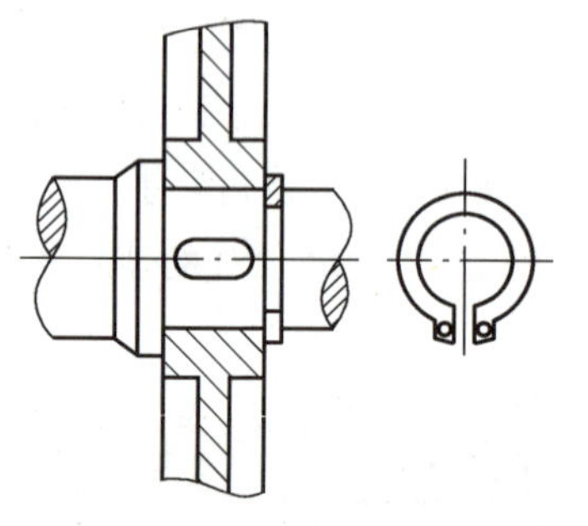

图11-13　弹性挡圈固定

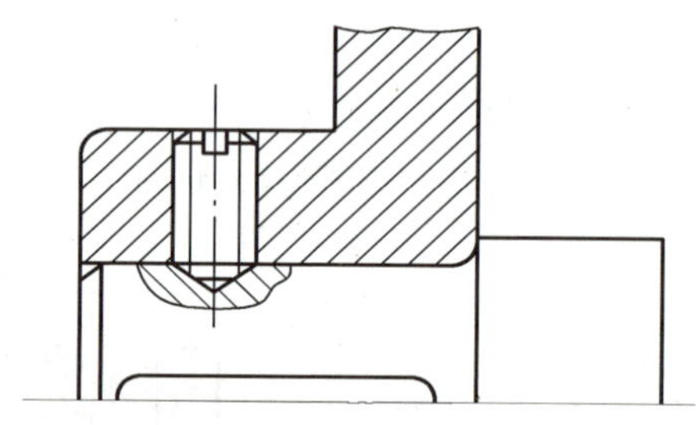

图11-14　紧定螺钉固定

11.2.3　各轴段直径和长度的确定

1. 各轴段直径的确定

由于阶梯轴的最小轴径通常在轴端，其大小可以先通过估算方法得到。然后，可以参考轴上零件的装配方案及定位与固定方法，来确定各轴段直径的大小，但同时需要注意以下几点：

(1)与标准零件(如滚动轴承、联轴器、密封圈等)有配合要求的轴段，应按照标准直径来确定该轴段直径的大小。例如，安装滚动轴承处轴段的直径必须等于所选滚动轴承的内孔直径。

(2)与非标准零件(如齿轮、带轮等)有配合要求的轴段,由于该零件的结构已经确定。因此,应按照非标准零件轴孔的直径来确定该轴段直径的大小。例如,安装齿轮处轴段的直径必须等于齿轮轴孔的直径。

(3)为便于滚动轴承的拆卸,安装滚动轴承处的定位轴肩高度应低于轴承内圈端面厚度,具体尺寸可查阅相关滚动轴承标准。

2. 各轴段长度的确定

(1)在安装齿轮时为了使齿轮固定可靠,应使齿轮轮毂宽度大于与之相配合的轴段长度,一般两者的差取2~3 mm。

(2)装滚动轴承处的轴长,查手册按轴承宽度来确定。

(3)轴上回转零件与其他零件之间的轴向距离推荐:两回转件间的距离取10~20 mm;回转件与内壁之间距离取10~20 mm;轴承端面至箱体内壁之距离,当减速器齿轮圆周速度 $v > 2$ m/s时,轴承采用油液飞溅润滑,取5~10 mm,当减速器齿轮圆周速度 $v < 2$ m/s时,轴承采用油脂润滑,还需加挡油环,防止油脂被稀释,取10~15 mm;外伸件距箱体轴承盖的距离,考虑应留有螺钉装拆及扳手空间位置,取20~35 mm。

11.2.4 轴的结构工艺性

轴的结构工艺性通常是指其加工和装配工艺性。也就是说,轴在进行结构设计时,除了应考虑轴上零件的定位与固定外,还应该保证轴具有良好的加工和装配工艺性,以达到提高生产率、降低成本等目的。轴的结构设计时一般需要注意以下几点:

(1)阶梯轴的级数应尽可能少,直径应该是中间大、两端小,以便于轴上零件的装拆。

(2)一根轴上的圆角半径、倒角、退刀槽、中心孔等尺寸应尽可能统一。

(3)一根轴上各键槽应开在同一母线上,并尽可能同宽,以减少换刀次数和调整次数,如图11-15所示。

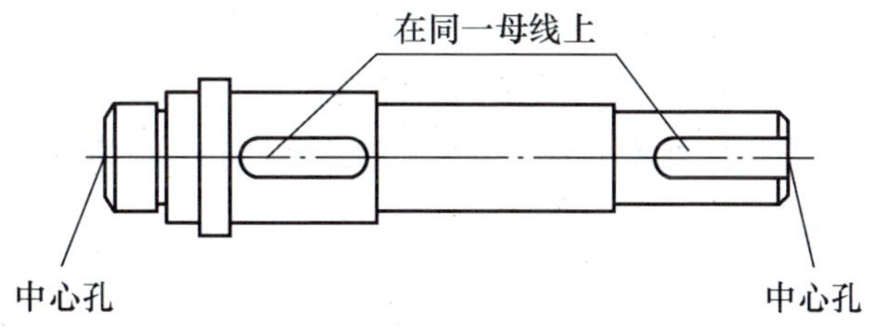

图11-15　键槽的位置

(4)需要磨削的轴段,应该留有砂轮越程槽,需要切制螺纹的轴段,应留有退刀槽,如图11-16所示。

(5)为了便于装配,轴端应加工出倒角。

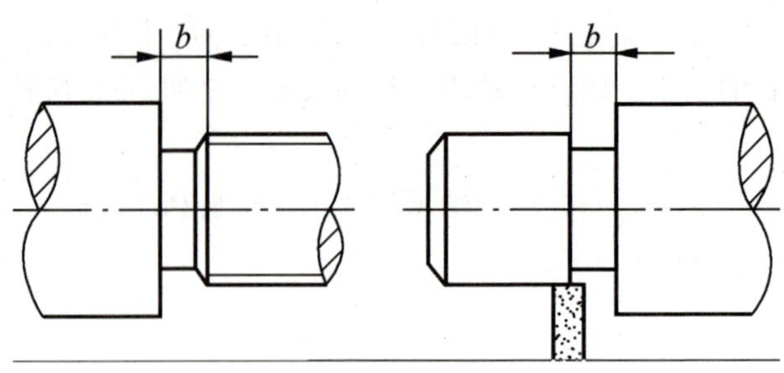

图11-16　螺纹退刀槽和砂轮越程槽

11.2.5　提高轴的疲劳强度

轴的疲劳强度通常受轴与轴上零件的结构、工艺及轴上零件在轴上的安装布置等因素的影响。因此，在进行轴的结构设计时，还应全面考虑以下因素，以尽可能提高轴的承载能力。

(1)合理布置轴上传动零件的位置。

(2)合理设计轴上零件的结构。

(3)合理设计轴的结构。

(4)合理改善轴的表面质量。

11.3　轴的材料与选择

11.3.1　轴的失效形式及对材料的性能要求

在多数情况下，轴在工作时产生的应力为循环变应力，故其主要失效形式为因疲劳强度不足而产生的疲劳断裂。有时还会产生塑性变形、脆性断裂、磨损和振动等失效形式。因此，轴的材料首先应该满足强度要求，并具有较小的应力集中敏感性，同时，还应满足一定的韧性、耐磨性、加工工艺性及经济性等要求。

11.3.2　轴的常用材料及热处理

轴的常用材料主要有碳素钢、合金钢和铸铁，常用材料及其主要力学性能见表11-1。

1. 碳素钢

碳素钢具有较好的综合性能，尽管强度较合金钢低，但其因具有对应力集中不敏感、热处理和机械加工性能好、成本低等优点而应用最为广泛。其中，最常用的是45钢，此外还有30、40和50钢等。通常，为了保证有较好的力学性能，一般应进行调质或正火等热处理，对低速、轻载或不重要的轴，也可选用Q235 、Q275等普通碳素钢材料。

表11-1　轴的常用材料及其主要力学性能

材料牌号	热处理方法	毛坯直径/mm	硬度/HRC	抗拉强度极限/MPa	屈服强度极/MPa	弯曲疲劳极限/MPa	应用说明
Q235	—	—	—	440	240	200	用于不重要或载荷不大的轴
Q275	—	—	190	580	280	230	用于一般的轴
35	正火	≤100	143~187	520	270	250	用于一般的轴
45	正火	≤100	170~217	600	300	275	用于较重要的轴，应用最广泛
	调质	≤200	217~255	650	360	300	
35SiMn	调质	≤100	229~286	750	559	350	用于较重要的轴
40Cr	调质	≤100	241~286	750	550	350	用于载荷较大、无很大冲击的重要轴
40MnB	调质	≤200	241~286	750	550	335	性能接近40Cr，用于重要的轴
20Cr	渗碳淬火，回火	≤60	56~62	650	400	280	用于强度、韧性及耐磨性均较高的轴
QT600-3	—	—	197~269	600	370	215	用于铸造外形复杂的轴

2. 合金钢

合金钢的机械性能和淬火性能高于碳素钢，但其对应力集中的敏感性高、价格高，常用于重载、高速、重要的轴或有特殊性能要求(如耐高温、耐低温、耐腐蚀、耐磨损以及尺寸小、重量轻但强度高等)的轴。常用的合金钢主要有40Cr、20CrMnTi、38CrMoAl等，通常采用调质、表面淬火以及渗碳淬火等热处理方法。

需要说明的是，各种碳素钢和合金钢在一般工作温度下的弹性模量值非常接近。因此，用合金钢替代碳素钢并不能提高轴的刚度。

3. 铸铁

铸铁的流动性能好、吸振性和耐磨性高、对应力集中敏感性低、价格低廉。但缺点是强度和韧性低，且铸造质量不易控制，一般常用于形状复杂、尺寸较大的轴，如曲轴。常用的铸铁材料为高强度铸铁和球墨铸铁。

11.4 轴的设计与计算

当完成轴的结构设计后，还应该对轴进行校核计算。校核内容主要有强度、刚度和振动稳定性等，通常视工作条件和重要性而定，对于一般用途的轴，只需校核强度即可。

11.4.1 轴的强度计算

1. 轴的扭转强度计算

轴的扭转强度计算适用于只承受转矩的传动轴的精确计算，也可用于既受弯矩又受扭矩的转轴的近似计算。

(1)扭转的概念。如图11-17所示是车辆转向轴，其受力分析如图11-18所示，其受力特点是在与轴的轴线垂直的平面内，受到一对等值、反向的力偶作用，变形特点是各个横截面绕轴线产生相对转动，这种形式的变形称为扭转。

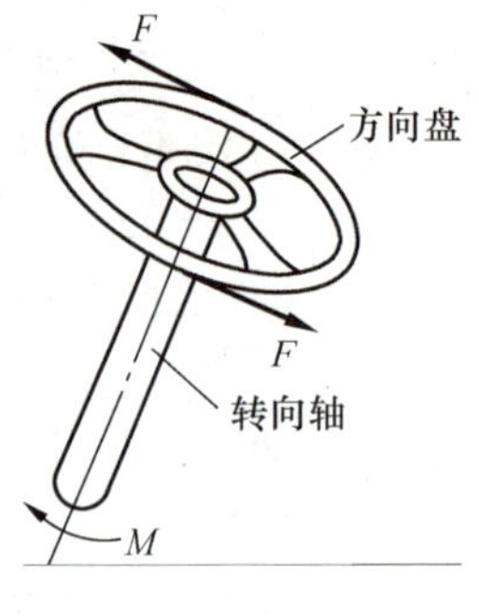

图11-17 车辆转向轴

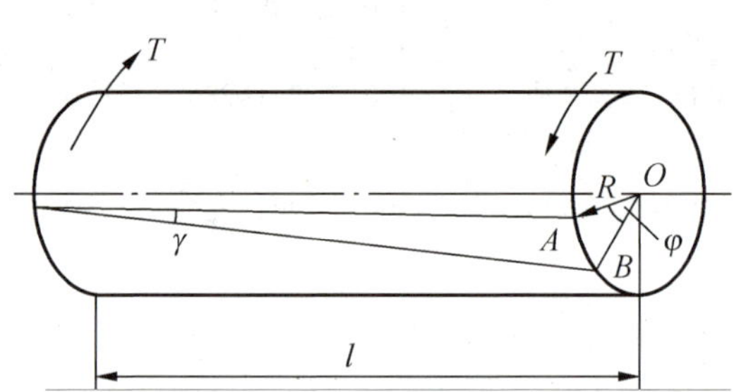

图11-18 扭转力学分析

(2)扭转强度计算。对于只传递转矩的圆截面轴，其强度条件为

$$\tau_T = \frac{T}{W_T} = \frac{9\,550 \times 10^3 \dfrac{P}{n}}{W_T} \leqslant [\tau_T] \tag{11-1}$$

式中，τ_T为轴的扭剪应力，MPa；T为轴传递的转矩，N·mm；W_T为轴的抗扭截面模量，mm^3；P为轴传递的功率，kW；$[\tau_T]$为轴材料的许用剪切应力，MPa；n为轴的转速，r/min。

对实心圆轴 $W_T = \dfrac{\pi d^3}{16} \approx 0.2d^3$，则轴的直径为

$$d \geqslant \sqrt[3]{\frac{9\,550 \times 10^3 P}{0.2[\tau_T]n}} = A_0 \sqrt[3]{\frac{P}{n}} \tag{11-2}$$

对空心圆轴 $W_T \approx 0.2d^3(1 - \beta^4)$，则轴的直径为

$$d \geqslant \sqrt[3]{\frac{9\,550 \times 10^3 P}{0.2(1 - \beta^4)[\tau_T]n}} = A_0 \sqrt[3]{\frac{P}{(1 - \beta^4)n}} \tag{11-3}$$

式中，A_0为由轴的材料和承载情况确定的常数，见表11-2；β为空心轴内外径的比值，$\beta = d_1/d$，通常取$\beta = 0.5\sim0.6$。

表11-2 常用轴材料的$[\tau_T]$值和A_0值

轴的材料	Q235,20	35	45	40Cr,35SiMn
$[\tau_T]$/MPa	12~20	20~30	30~40	40~52
A_0	160~135	135~118	118~107	107~98

注:当作用在轴上的弯矩比传递的转矩小或只传递转矩时,A_0取较小值;否则,A_0取较大值。

2. 轴按弯扭合成强度计算

在初估轴径,完成结构设计后,轴上载荷的大小、方向及作用位置即可确定。此时,可作轴的受力分析并绘制弯矩图、转矩图,按弯扭合成强度条件校核轴的强度。对于一般钢制成的轴,可用第三强度理论(最大剪应力理论)求出危险截面的计算应力σ_{ca}为

$$\sigma_{ca}=\sqrt{\sigma_b^2+4\tau_T^2}\leqslant[\sigma_b] \tag{11-4}$$

式中,σ_b为危险截面上弯矩M产生的弯曲应力,MPa;τ_T为转矩T产生的扭切应力,MPa。

对于直径为d的实心圆轴

$$\sigma_b=\frac{M}{W}\approx\frac{M}{0.1d^3}\quad \tau_T=\frac{T}{W_T}\approx\frac{T}{0.2d^3}=\frac{T}{2W} \tag{11-5}$$

式中,W、W_T分别为轴的抗弯截面系数和抗扭截面系数。将σ_b和τ_T值代入式(11-4)得

$$\sigma_{ca}=\sqrt{\left(\frac{M}{W}\right)^2+4\left(\frac{T}{W_T}\right)^2}=\frac{\sqrt{M^2+T^2}}{W}\leqslant[\sigma_b] \tag{11-6}$$

对于一般的转轴,即使载荷大小与方向都不变,其弯曲应力σ_b也为对称循环变应力,而τ_T的循环特性往往与σ_b不同。所以应对式(11-6)中的转矩T乘以折合系数,则式(11-6)可修正为

$$\sigma_{ca}=\frac{M_{ca}}{W}=\frac{\sqrt{M^2+(\alpha T)^2}}{W}\leqslant[\sigma_b]_{-1} \tag{11-7}$$

式中,M_{ca}为计算弯矩,MPa;α为根据转矩性质而定的折合系数。

对不变的转矩,$\alpha=\frac{[\sigma_b]_{-1}}{[\sigma_b]_{+1}}\approx0.3$;对脉动变化的转矩,$\alpha=\frac{[\sigma_b]_{-1}}{[\sigma_b]_0}\approx0.6$;对频繁正反变化的转矩,$\alpha=\frac{[\sigma_b]_{-1}}{[\sigma_b]_{-1}}=1$。若转矩的变化规律未知时,一般可按脉动循环变化处理。这里的$[\sigma_b]_{-1}$、$[\sigma_b]_0$、$[\sigma_b]_{+1}$分别为对称循环、脉动循环和静应力状态下轴的许用弯曲应力,其值见表11-3。

表 11-3　轴的许用弯曲应力

单位:MPa

材料	σ_b	$[\sigma_b]_{+1}$	$[\sigma_b]_0$	$[\sigma_b]_{-1}$
碳素钢	400	130	70	40
	500	170	75	45
	600	200	95	55
	700	230	110	65
合金钢	800	270	130	75
	900	300	140	80
	1000	330	150	90
	1200	400	180	110
铸钢	400	100	50	30
	500	120	70	40

综上所述,按弯扭合成强度计算轴径的一般步骤如下:

(1)将外载荷分解到水平面和垂直面内,求垂直面支承反力 F_V 和水平面支承反力 F_H。

(2)作垂直面弯矩 M_V 图和水平面弯矩 M_H 图。

(3)作合成弯矩 M 图,$M = \sqrt{M_V^2 + M_H^2}$。

(4)作转矩 T 图。

(5)弯矩合成,作当量弯矩 M_{ca} 图,$M_{ca} = \sqrt{M^2 + (\alpha T)^2}$。

(6)计算危险截面轴径,$d \geqslant \sqrt[3]{\dfrac{M_{ca}}{0.1[\sigma_b]_{-1}}}$。

这种方法同样适用于心轴和传动轴。对于心轴,转矩 T=0;对于传动轴,弯矩 M=0。

11.4.2　轴的刚度计算

轴在弯矩或转矩作用下会产生弯曲变形或扭转变形。对于刚度要求较高的场合,轴的变形过大会影响轴上零件乃至整台设备的正常工作。例如,对于安装齿轮的轴,若二者相配合轴段在载荷作用下产生的挠度和扭转角过大,会导致齿轮轮齿所受载荷沿齿高和齿宽方向上严重分布不均,从而影响齿轮的正确啮合。又如车床主轴,过大的挠度会对加工精度产生影响。因此,对于重要的或有刚度要求的轴,一般需进行刚度校核计算。

轴在载荷下所产生的变形通常可分为挠度 y、偏转角 θ 和扭转角 φ 三种。其中,挠度 y 和偏转角 θ 用来表征轴的弯曲刚度,而扭转角 φ 则用来表征轴的扭转刚度。因此,轴的刚度条件为

$$\begin{cases} y \leqslant [y] \\ \theta \leqslant [\theta] \\ \varphi \leqslant [\varphi] \end{cases}$$

式中,y、θ、φ 分别为轴在载荷下的挠度、偏转角和扭转角,单位分别为mm、rad、°/mm,大小可根据

材料力学相关公式进行计算；$[y]$、$[\theta]$、$[\varphi]$分别为轴的许用挠度、许用偏转角和许用扭转角，其值可查表11-4。

表11-4　轴的许用挠度、许用偏转角和许用扭转角

变形	应用场合	许用值
挠度/mm	一般用途的轴	(0.0003~0.0005)L
	刚度要求较高的轴	0.0002l
	安装齿轮的轴	$(0.01\sim0.05)m_n$
	安装蜗轮的轴	$(0.02\sim0.05)m_t$
偏转角/rad	滑动轴承	0.001
	深沟球轴承	0.005
	调心轴承	0.05
	圆柱滚子轴承	0.0025
	圆锥滚子轴承	0.0016
	安装齿轮处	0.001~0.002
扭转角/(°/mm)	一般传动	0.5~1
	较精密的传动	0.25~0.5
	精密传动	0.25

11.4.3　轴的振动

轴属于弹性体零件，当轴及轴上零件的材质不均匀、结构不对称或加工与装配有误差时，容易造成轴系的质心与回转轴线不重合的情况，从而会使轴受到除弯矩和转矩外的周期性的离心干扰力，并引起轴振动。特别是，当离心干扰力的频率与轴的自振频率相等或接近时，轴就会出现运转不稳定和严重振动的现象，称为轴的共振现象。轴发生共振时的转速称为临界转速。共振会导致轴的振幅迅速增大，并使轴甚至整台机器发生破坏。因此，对于用于重要场合的轴或高速轴，需要进行振动校核计算，即计算轴的临界转速，并使其尽量远离轴的工作转速，以避免发生共振现象。

理论上轴的临界转速有无穷多个，从小到大依次为一阶临界转速、二阶临界转速、三阶临界转速……通常把工作转速低于一阶临界转速的轴称为刚性轴，而把工作转速超过一阶临界转速的轴称为挠性轴。事实上，轴在一阶临界转速下产生的振动最为激烈，也最危险，所以，一般主要计算轴的一阶临界转速。刚性轴和挠性轴的临界转速条件分别为式(11-8)和式(11-9)

$$n \leqslant (0.75\sim0.8)n_{c1} \tag{11-8}$$

$$1.4n_{c1} \leqslant n \leqslant 0.7n_{c2} \tag{11-9}$$

式中，n_{c1}和n_{c2}分别为一阶临界转速和二阶临界转速。

11.5 轴毂连接

轴毂连接的主要功能是实现轴与轴上零件的周向固定并传递转矩，有些还能实现轴上零件的轴向固定或轴向移动。轴毂连接的形式很多，如键连接、花键连接、销连接、过盈连接、型面连接和胀套连接等。

11.5.1 键连接

1. 键连接的类型和特点

（1）平键连接。如图 11-19 所示，平键的横截面是矩形，键的两个侧面是工作面，键的顶面与轮毂上键槽的底面则留有间隙，工作时靠键与键槽侧面的相互挤压传递转矩。平键连接具有结构简单、装拆方便、轴与轴上零件对中较好等优点，应用十分广泛，但不能承受轴向力。

普通平键用于轴毂间无轴向相对滑动的静连接，按其端部形状分为圆头（A 型）、平头（B 型）和单圆头（C 型）三种，如图 11-20 所示。采用圆头或单圆头平键时，轴上的键槽用端铣刀铣出，轴上键槽端部的应力集中较大，但键的安装比较牢固。采用平头平键时，轴上的键槽用盘铣刀铣出，轴的应力集中较小，但键的安装不牢固，需用螺钉紧固，单圆头平键常用于轴端与轴上零件的连接。

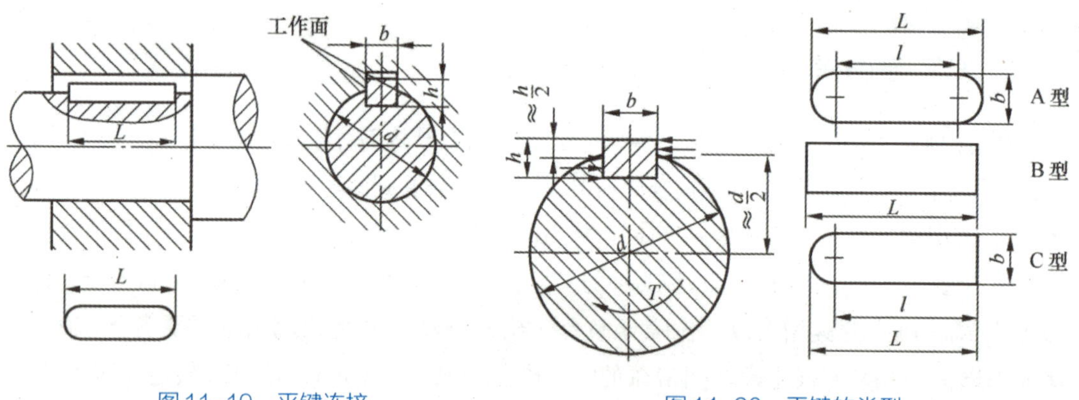

图 11-19　平键连接　　图 11-20　平键的类型

导向平键和滑键都用于轮毂需做轴向移动的动连接。如图 11-21 所示，导向平键一般用螺钉固定在轴槽中，与轮毂的键槽采用间隙配合，轮毂可沿导向平键做轴向移动。导向平键适用于轮毂移动距离不大的场合。当轮毂轴向移动距离较大时，常采用滑键，因为如用导向平键，键将很长，增加制造的困难，而滑键固定在轮毂上，随轮毂一起沿轴上的键槽移动，故只需在轴上铣出较长的键槽即可，如图 11-22 所示。

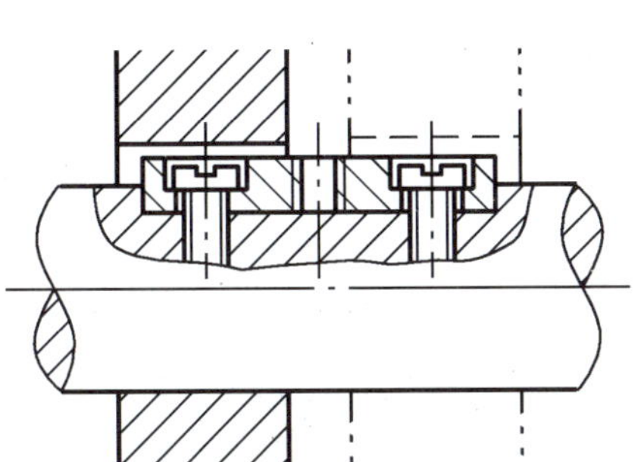

图11-21　导向平键连接

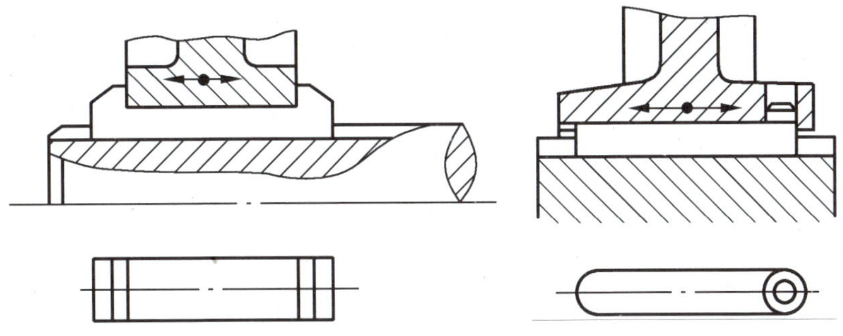

图11-22　滑键连接

(2)半圆键连接。半圆键连接如图11-23所示,其工作原理与平键相同,也是以两个侧面为工作面,即工作时靠键与键槽侧面的挤压传递转矩。轴上的键槽用半径与键相同的盘状铣刀铣出,因而键在槽中能绕其几何中心摆动,可以自动适应轮毂上键槽的斜度。半圆键连接也有制造简单、装拆方便的优点,其缺点是轴上的键槽较深,对轴的强度削弱较大。半圆键连接适用于载荷较小的连接或锥形轴端与轮毂的连接。

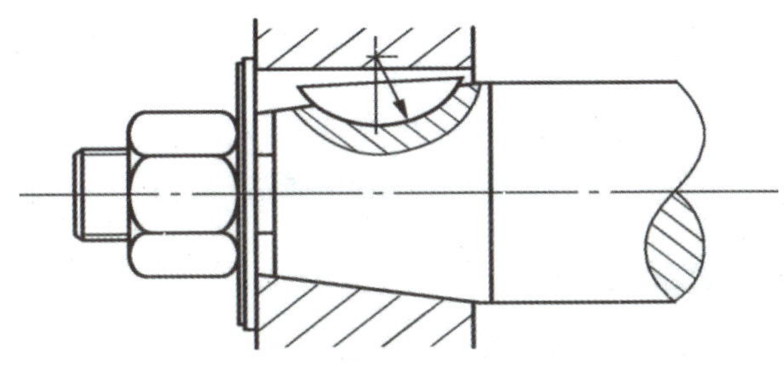

图11-23　半圆键连接

(3)楔键连接。楔键连接如图11-24所示,它用于静连接。楔键的上表面与轮毂键槽的底面各有1∶100的斜度,装配时将键打入槽中,键楔紧在轴与轮毂之间。因此,键的上下两面是工作面并受挤压,工作时主要靠键和键槽之间及轴与轮毂之间的摩擦力来传递转矩。楔键还能轴向固定零件和承受单方向的轴向力。当键需从毂的一端打入时,轴上键槽要长一些。由于楔键连接在装配后会使轴上零件对轴偏心,且在冲击振动或变载荷下容易松动。因此,仅用于对中精度要求不高、不受冲击振动或变载荷下速度较低的轴毂连接中。

楔键分为普通楔键和钩头楔键。普通楔键有圆头(A型)、平头(B型)和单圆头(C型)三种。

钩头楔键用于不能从轮毂的另一端将键打出的场合，拆卸时可将楔形工具送入钩头与轮毂之间的空隙处，将键挤出。

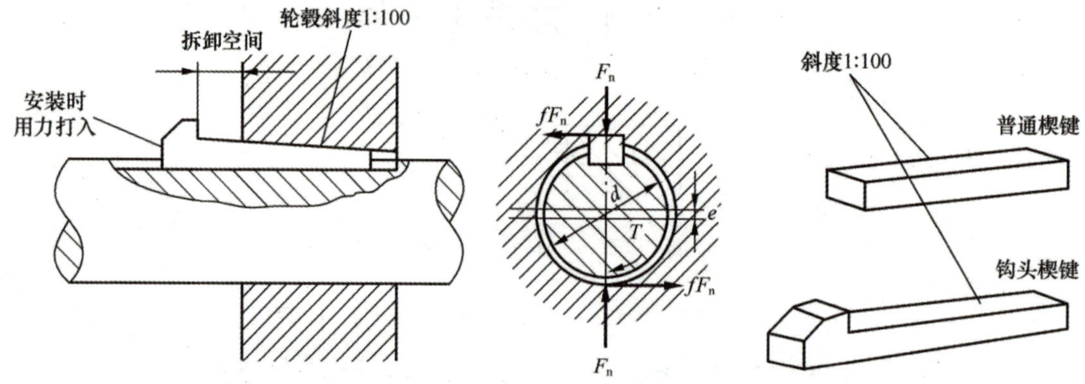

图11–24　楔键连接

(4)切向键连接。切向键连接如图11–25所示，它由两个具有单面1∶100斜度的楔键组成。装配后，两楔键以其斜面相互贴合，共同楔紧在轴毂之间。切向键的上下两面是工作面，其中一个面在通过轴心线的平面内。工作面上的压力沿轴的切向作用，能传递很大的转矩。采用一组切向键只能传递单方向的转矩，当传递双方向转矩时，需用两组切向键，为了不至于严重地削弱轴与轮毂的强度，两键应相隔120°~130°。切向键也能承受单向的轴向力。切向键连接适用于载荷很大、对中性要求不高的场合。

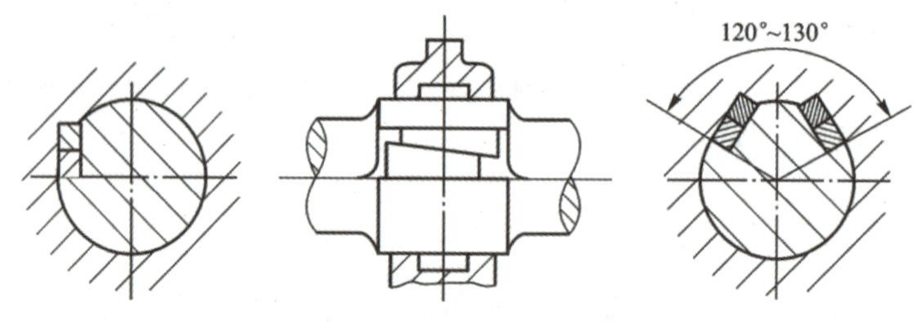

图11–25　切向键连接

2. 键的选择和平键连接的强度计算

(1)键的选择。键的选择包括类型选择和尺寸选择。

选择键的类型时，可根据连接的结构特点、使用要求和工作条件来选择，例如键连接的对中性要求，键是否需要具有轴向固定的作用，键在轴上的位置(在轴的中部还是端部)，连接于轴上的零件是否需要沿轴滑动与滑动距离的长短，等等。

键是标准件，键的剖面尺寸$b\times h$(b为键宽，h为键高)，轴的直径d由标准选定。键的长度l值一般可按轮毂的长度而定，一般略短于轮毂的长度并符合键的标准长度系列值。

(2)平键连接的强度计算。键连接的主要失效形式是强度较弱零件的工作面被压溃，键被剪断的情况很少见。因此，通常只按工作面上的挤压应力进行强度校核计算(键、轴、轮毂的材料往往不同，强度计算时要按三者中最弱材料的强度进行校核)。

假定载荷在键的工作面上均匀分布，则根据挤压强度计算，普通平键连接的挤压强度条件为

$$\sigma_p = \frac{2T}{dkl} = \frac{4T}{dhl} \leqslant [\sigma_p] \tag{11-10}$$

式中，T为键传递的转矩，N·mm；d为轴的直径，mm；h为键的高度，mm；l为键的工作长度，mm；k为键与毂槽的接触高度，mm；$[\sigma_p]$为许用挤压应力，MPa。

键连接的许用压力和许用压强见表11-5。

表11-5 键连接的许用压力和许用压强

单位：MPa

许用量	连接方式	轮毂或键的材料	载荷性质		
			静载荷	轻微冲击	冲击
$[\sigma_p]$	静连接	钢	125~150	100~120	60~90
		铸铁	70~80	50~60	30~45
$[p]$	动连接	钢	50	40	30

11.5.2 花键连接

1. 花键连接的类型、特点和应用

花键连接由外花键和内花键构成，如图11-26、11-27所示。齿的侧面是工作面，可用于静连接或动连接。与平键连接比较，花键连接的优点是：键齿数较多且受载均匀，故可承受很大的载荷；键槽较浅，对轴、轮毂的强度削弱较轻；轴上零件与轴的对中性好、导向性好。其缺点是需用专门的设备加工，成本较高。花键连接常用于汽车、拖拉机和机床中需换挡的轴毂连接。

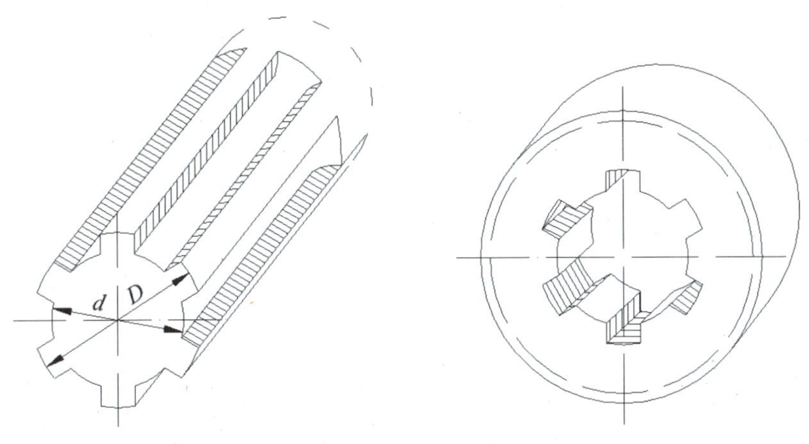

图11-26 外花键　　图11-27 内花键

花键连接按键的齿形不同，分为矩形花键连接和渐开线花键连接两种，均已标准化。

(1)矩形花键连接。矩形花键连接如图11-28所示，其应用比较广泛。在矩形花键连接中，

按齿数和齿高的不同，标准中规定了两个系列：轻系列和中系列。轻系列承载能力较小，多用于静连接和轻载连接。中系列用于中等载荷的连接。

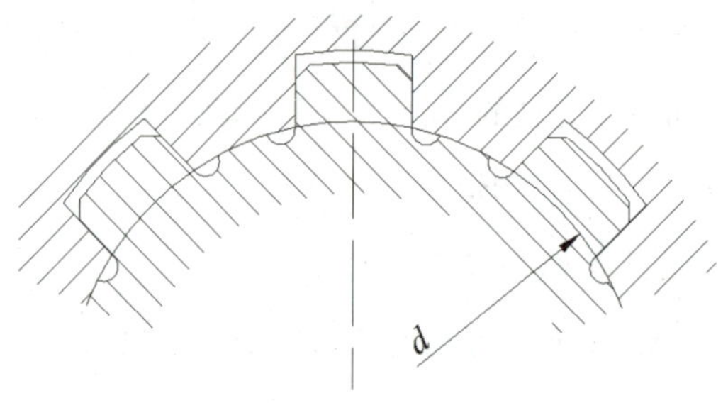

图11-28 矩形花键连接

矩形花键连接的定心方式有三种，即大径定心、小径定心和齿宽定心。小径定心即外花键和内花键的小径是配合面，内、外花键经热处理后，均可用磨削方法提高定心面的精度，定心精度高、定心稳定性好、承载能力较大，是目前国际、国内标准中采用的定心方式。

(2)渐开线花键连接。渐开线花键的齿廓为渐开线，渐开线的制造工艺与齿轮制造相同，但压力角有30°和45°两种，如图11-29所示。与矩形花键相比，渐开线花键齿根较厚，应力集中较小，连接强度较高，使用寿命长。

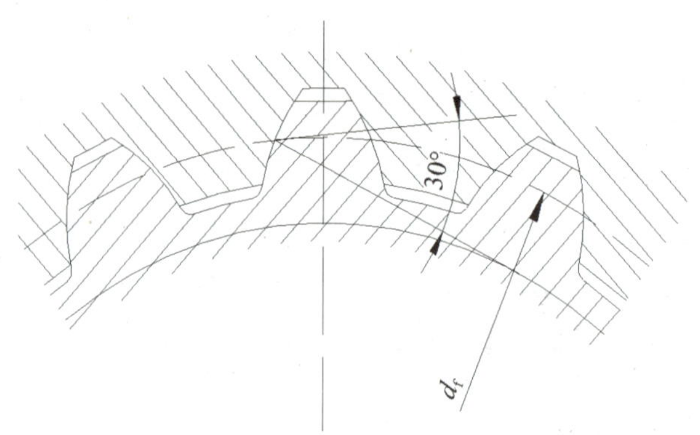

图11-29 渐开线花键连接

渐开线花键连接的定心方式为渐开线齿形定心。齿形定心具有自动定心的特点，受载时齿上有径向分力使其自动定心，能获得多数齿同时接触，有利于各齿均匀承载。常用于载荷较大、定心精度要求较高及尺寸较大的连接。

花键连接的制造要使用专门的设备和工具，制造成本较高，这就使花键连接的应用受到一定的限制。

2. 花键连接的强度计算

花键连接的设计与平键连接相似，首先根据使用条件、工作要求等选定花键的类型，查出标准尺寸，然后进行必要的强度验算。花键的侧面是工作面，主要失效形式是齿面的压溃(静连接)或磨损(动连接)，故通常进行挤压强度或耐磨性计算。计算时，假设载荷沿齿侧接触面上均匀分布，各齿所受压力的合力作用在平均直径d_m处，并引入各齿间载荷分布不均匀系数φ来估计实际

压力分布不均匀对计算值的影响。因此,静连接和动连接的强度条件分别为式(11-11)(11-12)

$$\sigma_p = \frac{2\,000T}{\varphi zhld_m} \leqslant [\sigma_p] \tag{11-11}$$

$$p = \frac{2\,000T}{\varphi zhld_m} \leqslant [p] \tag{11-12}$$

式中,φ 为载荷分布不均系数,与齿数多少有关,一般取 φ =0.7~0.8,齿数多时取较小值;z 为花键的齿数;l 为齿的工作长度,mm;h 为花键齿侧面的工作高度;d_m 为花键的平均直径;$[\sigma_p]$为许用挤压应力;$[p]$为许用压力。

关于 h 和 d_m 需要指出的是,对于矩形花键,$h = \frac{D-d}{2} - 2C$,此处 D 为外花键的大径,d 为内花键的小径,C 为倒角尺寸;对于渐开线花键,$\alpha = 30°$ 时,$h=m$;$\alpha = 45°$,$h=0.8m$,m 为模数;对于矩形花键,$d_m = \frac{D+d}{2}$;对于渐开线花键,$d_m = d_f$,d_f 为分度圆直径,mm。

花键连接的许用挤压应力、许用压力见表11-6。

表 11-6　花键连接的许用挤压应力、许用压力

单位:MPa

许用量	连接工作方式	使用和制造情况	齿面未经热处理	齿面经热处理
$[\sigma_p]$	静连接	不良	35~50	40~70
		中等	60~100	100~140
		良好	80~120	120~200
$[p]$	空载下移动的动连接	不良	15~20	20~35
		中等	20~30	30~60
		良好	25~40	40~70
	在载荷作用下移动的动连接	不良	—	3~10
		中等	—	5~15
		良好	—	10~20

注:1.使用和制造情况不良,是指承受变载荷、有双向冲击、振动频率高、振幅大、润滑不良(对动连接)、材料硬度不高、精度较低等。
2.在同一情况下,$[\sigma_p]$、$[p]$的较小值用于工作时间长和较重要的场合。
3.花键连接的零件抗拉强度不低于600 MPa。

11.5.3　销连接

1. 销连接的类型、特点及应用

销主要用来固定零件之间的相对位置,称为定位销,如图11-30所示,它是组合加工和装配

时的重要辅助零件；销也可用于连接，称为连接销，如图 11-31 所示，但只可用于传递不大的载荷；销还可作为安全装置中的过载剪断元件，称为安全销，如图 11-32 所示。

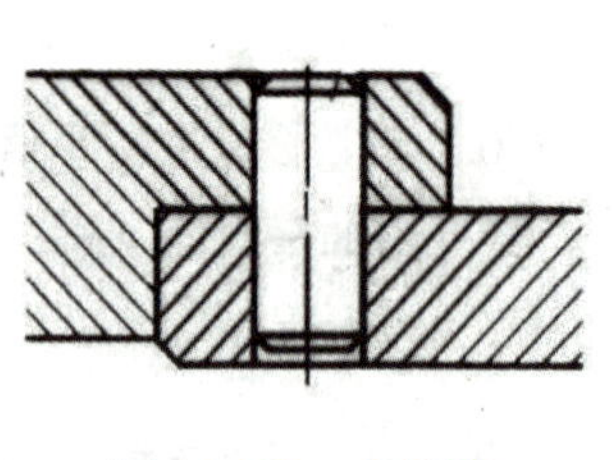

图 11-30　定位销

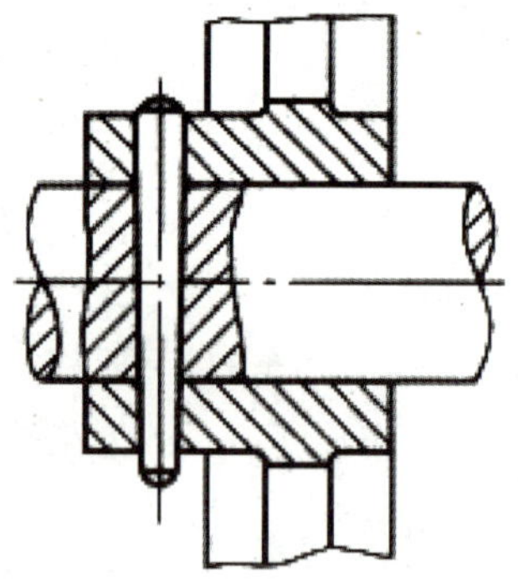

图 11-31　连接销

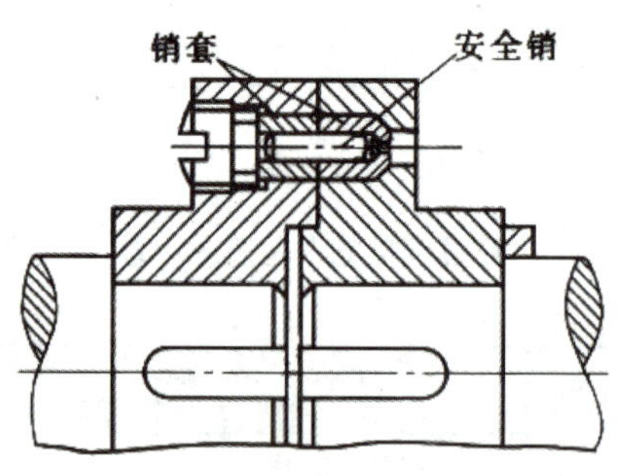

图 11-32　安全销

销连接如图 11-33 所示，销有多种类型，如圆柱销、圆锥销、槽销等，这些销均已标准化。具体特点及应用如下：

（1）圆柱销利用微量过盈配合固定在铰制孔中，多次装拆将会降低连接的牢固性和定位的精确性。

（2）圆锥销有 1∶50 的锥度，在受横向力时可以自锁，销孔需铰制，安装比圆柱销方便，多次装拆对定位精度的影响也较小，所以应用比较广泛。普通圆锥销用于通孔定位时，拆卸时可打击小头、对于销孔不能开通（盲孔）或装拆困难的场合，可采用螺尾圆锥销或内螺纹圆锥销。开尾圆锥销装配后可将尾口分开，可保证在冲击、振动或变载下不致松脱。小端螺尾销装配后拧紧螺母可防止销松脱。

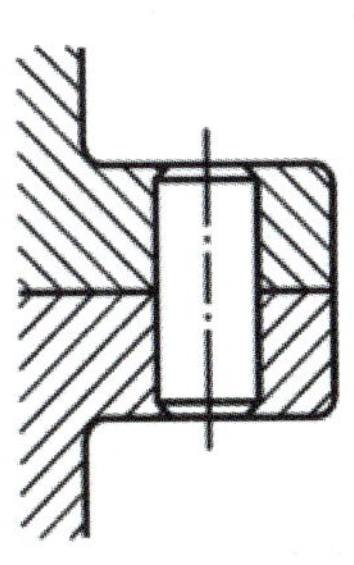
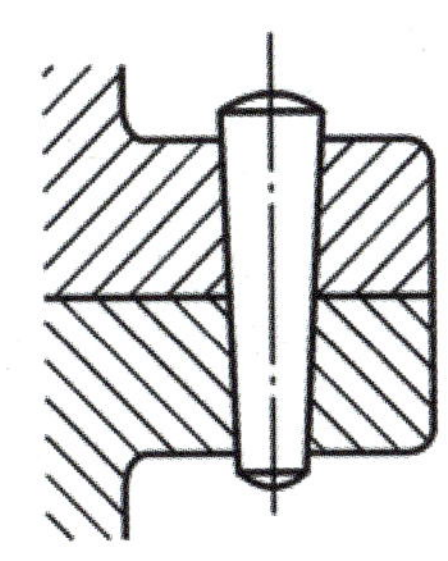
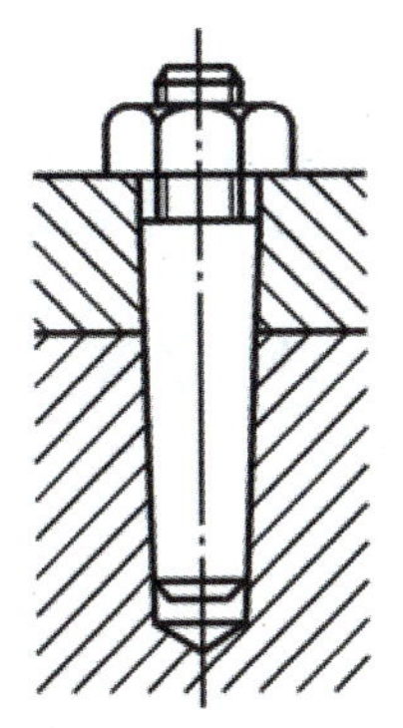
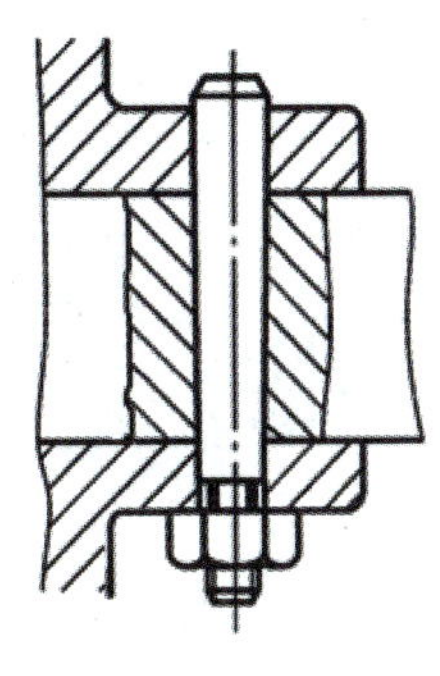

图11-33 销连接

(3)槽销用弹簧钢滚压或模锻而成,有纵向凹槽。由于材料的弹性,销挤紧在销孔中,销孔无须铰光。槽销制造比较简单,可多次装拆,多用于传递载荷。

(4)弹性圆柱销用弹簧钢带卷制而成,具有很好的弹性,可以均匀地挤紧在孔中,即使在有冲击和振动的条件下,也能保持连接的紧固可靠。销孔无需铰光,可多次装拆。但其刚性较差,不适用于高精度定位。

(5)开口销具有结构简单、工作可靠、装拆方便的特点,主要用于螺纹连接的防松、不能用于定位。

2. 销的材料选择及设计

销的常用材料为35、45钢。定位销通常不受载荷,故不做强度校核计算,其直径可按结构确定,同一面上的定位销数目一般不少于两个。连接销在工作时通常受到挤压和剪切,设计时,可先根据连接的结构特点和工作要求选择销的类型、材料和尺寸,必要时再按剪切和挤压强度条件进行验算。安全销在机器过载时应被剪断,因此,安全销的直径应按过载时被剪断的条件确定。

第12章

轴承

轴承的功用是支承轴及轴上转动(或摆动)的零部件,使其保持一定的旋转精度,承受负荷,减少相对回转零件间的摩擦与磨损。

12.1 滚动轴承

滚动轴承是利用滚动摩擦原理设计而成的支承零件,在各种机器中被广泛使用。与滑动轴承相比,滚动轴承具有摩擦阻力小、启动灵活、效率高、润滑简便、易于互换且可以通过预紧提高轴承的刚度和旋转精度等优点。它的缺点是抗冲击能力较差、高速时有噪声、径向尺寸较大、工作寿命不及液体摩擦的滑动轴承。

12.1.1 滚动轴承结构

滚动轴承一般由内圈、外圈、滚动体和保持架组成,如图12-1所示。内圈通常装配在轴上并与轴一起旋转,外圈通常安装在轴承座孔内或机械部件壳体中起支承作用,但在某些应用场合,也有外圈旋转,内圈固定或内、外圈都旋转的。滚动体是实现滚动摩擦的滚动元件,在内圈和外圈的滚道之间滚动。常见的滚动体形状如图12-2所示,有球形滚子、圆柱滚子、滚针、圆锥滚子、球面滚子等,滚动体的大小和数量直接影响轴承的承载能力。保持架的作用是将轴承中的滚动体等距隔开,引导滚动体在正确的轨道上运动,改善轴承内部载荷分配和润滑性能。

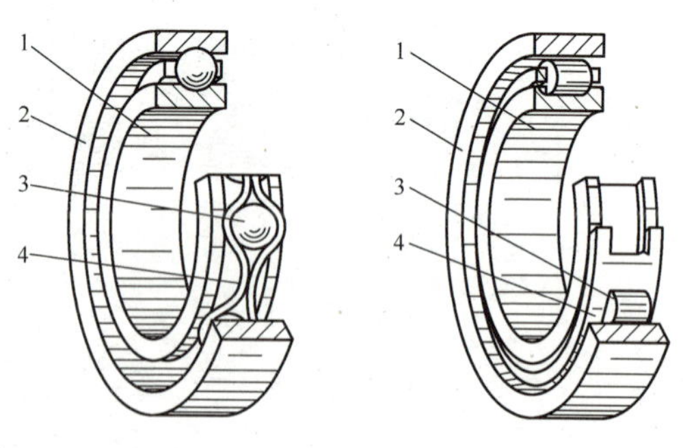

1—内圈;2—外圈;3—滚动体;4—保持架

图12-1 滚动轴承结构

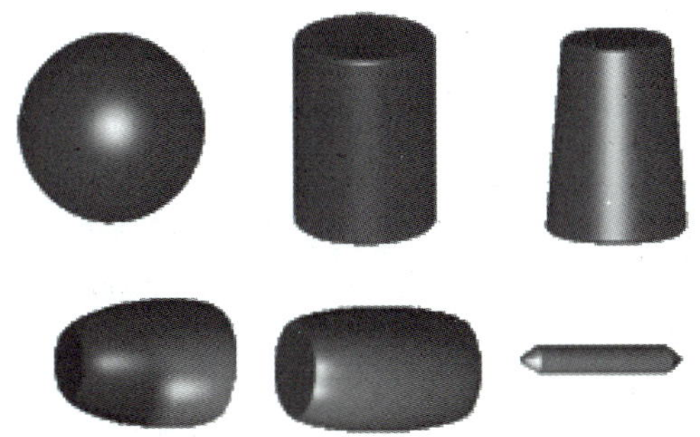

图12-2　滚动体形状

12.1.2　滚动轴承的类型和代号

1. 滚动轴承的主要类型

（1）滚动轴承按其滚动体的种类的不同，分为球轴承和滚子轴承。球轴承中球与滚道为点接触，而滚子轴承中滚子与滚道之间为线接触。在相同尺寸下，球轴承制造方便、价格低、摩擦系数小、运转灵活、许用的极限转速高，但其抗冲击能力和承载能力不如滚子轴承。

（2）滚动轴承按其所能承受的载荷方向或公称接触角 α 的不同，分为向心轴承和推力轴承。滚动轴承公称接触角是指轴承的径向平面（垂直于轴线）与滚动体和滚道接触点的公法线之间的夹角。α 越大，滚动轴承承受轴向载荷的能力越大。向心轴承主要用于承受径向载荷，其公称接触角的范围为 $0° \leqslant \alpha \leqslant 45°$；推力轴承主要用于承受轴向载荷，其公称接触角的范围为 $45° < \alpha \leqslant 90°$。按照公称接触角不同，向心轴承又分为径向接触轴承（公称接触角为0°的轴承）和角接触向心轴承（接触角为 $0° < \alpha \leqslant 45°$）；推力轴承又分为轴向接触轴承（公称接触角为90°的轴承）和角接触推力轴承（接触角为 $45° < \alpha < 90°$）。轴承的公称接触角和类型见表12-1。

表12-1　轴承的公称接触角和类型

轴承类型	向心轴承		推力轴承	
	径向接触轴承	角接触向心轴承	角接触推力轴承	轴向接触轴承
公称接触角	$\alpha = 0°$	$0° < \alpha \leqslant 45°$	$45° < \alpha < 90°$	$\alpha = 90°$
图例 （以球轴承为例）		α	α	α

（3）滚动轴承按其工作时能否调心，分为调心轴承和非调心轴承（刚性轴承）。调心轴承的滚道是球面形的，能适应内外圈轴心线间的角偏差及角运动，而非调心轴承能阻抗内外圈轴心线间的角偏移。

（4）滚动轴承按滚动体的列数，分为单列轴承、双列轴承和多列轴承。

（5）滚动轴承按其部件能否分离，分为可分离轴承和不可分离轴承。

滚动轴承的主要类型和特点见表12-2。

表12-2 滚动轴承的主要类型和特点

轴承类型	简图	类型代号	特性
调心球轴承		1	主要承受径向载荷，能承受少量的轴向载荷，不宜承受纯轴向载荷，极限转速高。外圈滚道为内球面形，具有自动调心的性能，可以补偿轴的两支点不同心产生的角度偏差
调心滚子轴承		2	主要用于承受径向载荷，同时也能承受一定的轴向载荷，有较高的径向承载能力，但不能承受纯轴向载荷。调心性能良好，能补偿同轴度误差
圆锥滚子轴承	α	3	主要承受以径向载荷为主的径向与轴向联合载荷，而大锥角圆锥滚子轴承可以用于承受以轴向载荷为主的径、轴向联合载荷。轴承内、外圈可分离，装拆方便，通常成对使用
推力球轴承		5	分离型轴承，只能承受轴向截荷。高转速时离心力大，滚动体与保持架摩擦发热严重，使用寿命较短，故其极限转速较低。 单向推力球轴承只能承受一个方向的轴向截荷，双向推力球轴承能承受两个方向的轴向载荷
深沟球轴承		6	主要用于承受径向载荷，也可承受一定的轴向载荷。当轴承的径向间隙加大时，具有角接触球轴承的功能，可承受较大的轴向载荷。此类轴承摩擦系数小，极限转速高。在转速较高不宜采用推力球轴承的情况下可用该类轴承承受纯轴向载荷
角接触球轴承	α	7	可以同时承受径向载荷和轴向载荷，也可以承受纯轴向载荷，其轴向载荷能力由接触角决定，并随着接触角增大而增大，极限转速较高。通常成对使用
圆柱滚子轴承		N	只能承受径向载荷，且径向承载能力大。轴承内、外圈可分离，装拆比较方便，极限转速高

2. 滚动轴承的代号

滚动轴承代号是用字母加数字来表示滚动轴承的结构、尺寸、公差等级、技术性能等。滚动轴承代号由基本代号、前置代号和后置代号构成。基本代号表示轴承的基本类型、结构和尺寸，是轴承代号的基础；前置代号和后置代号是轴承的结构、形状、尺寸、公差等级、技术性能等有改变时，在其基本代号左右添加的补充代号。表12-3详细地列出了滚动轴承的代号。

表12-3 滚动轴承代号

前置代号	基本代号			后置代号							
	类型代号	尺寸系列代号	内径代号								
结构、形状、尺寸、公差等级、技术性能等改变时，添加的补充代号	数字或字母	数字×宽度或高度系列代号 数字×直径系列代号	两位数字××	内部结构代号	密封防尘与外圈形状变化代号	保持架结构及材料变化代号	轴承材料变化代号	公差等级代号	游隙组代号	配置代号	其他

(1)基本代号。基本代号用来表明滚动轴承(滚针轴承除外)的内径、直径系列、宽度系列和类型。表12-4所示为滚动轴承内径表示法，表12-5所示为滚动轴承尺寸系列代号。

表12-4 滚动轴承内径表示法

轴承内径 d/mm		内径代号	示例
10~17	10	00	深沟球轴承6201，01代表轴承内径 d=12 mm
	12	01	
	15	02	
	17	03	
20~495（22、28、32除外）		用内径除以5所得的商数表示。当商数只有个位数时，需在十位数处用0占位	深沟球轴承6210，10代表轴承内径 d=50 mm
≥500 或为22、28、32 或 <10		用内径毫米数直接表示，并在尺寸系列代号与内径代号之间用“/”号隔开	深沟球轴承62/500，500代表轴承内径 d=500 mm；深沟球轴承62/22，22代表轴承内径 d=22 mm；深沟球轴承62/9，9代表轴承内径 d=9 mm

表12-5 滚动轴承尺寸系列代号

宽度系列代号			直径系列代号
窄(0)	正常(1)	宽(2)	
02	12	22	轻2
03	13	23	中3
04	14	24	重4

(2)后置代号。轴承的后置代号用字母(或加数字)表示，置于基本代号的右边并与基本代号空半个汉字间距或用符号“-”“/”隔开。具有多组后置代号时，则按表12-3所列从左至右的顺序

排列。4组(含4组)以后的内容,则在其代号前用"/"与前面代号隔开。

后置代号表示轴承内部结构、公差等级、游隙这三项。

①轴承内部结构代号表示角接触球轴承不同的接触角,见表12-6。

表12-6 轴承内部结构代号

代号	公称接触角	示例
C	角接触球轴承,公称接触角 α=15°	7210C
AC	角接触球轴承,公称接触角 α=25°	7210AC
B	角接触球轴承,公称接触角 α=40°	7210B

②公差等级代号。滚动轴承共有六个公差等级,由低到高依次为P0、P6、P5、P6X、P4、P2,P0级可以省略不写。公差等级标注时在P前加"/"。如6206/P5表示轴承精度为P5级,6206表示轴承精度为P0级。

③轴承游隙。轴承游隙是滚动轴承内部的内、外圈之间留有的相对位移量。同一类型的轴承可以有不同的游隙,共分为六个组,代号分别为/C1、/C2、/C0、/C3、/C4、/C5。其中/C0为常用的基本游隙,标注时可以省略。

(3)前置代号。轴承的前置代号表示轴承的分部件,用字母表示。如用L表示可分离轴承的分离套圈,K表示轴承的滚动体与保持架组件等。

例12-1 试说明滚动轴承62203和7312AC/P6的含义。

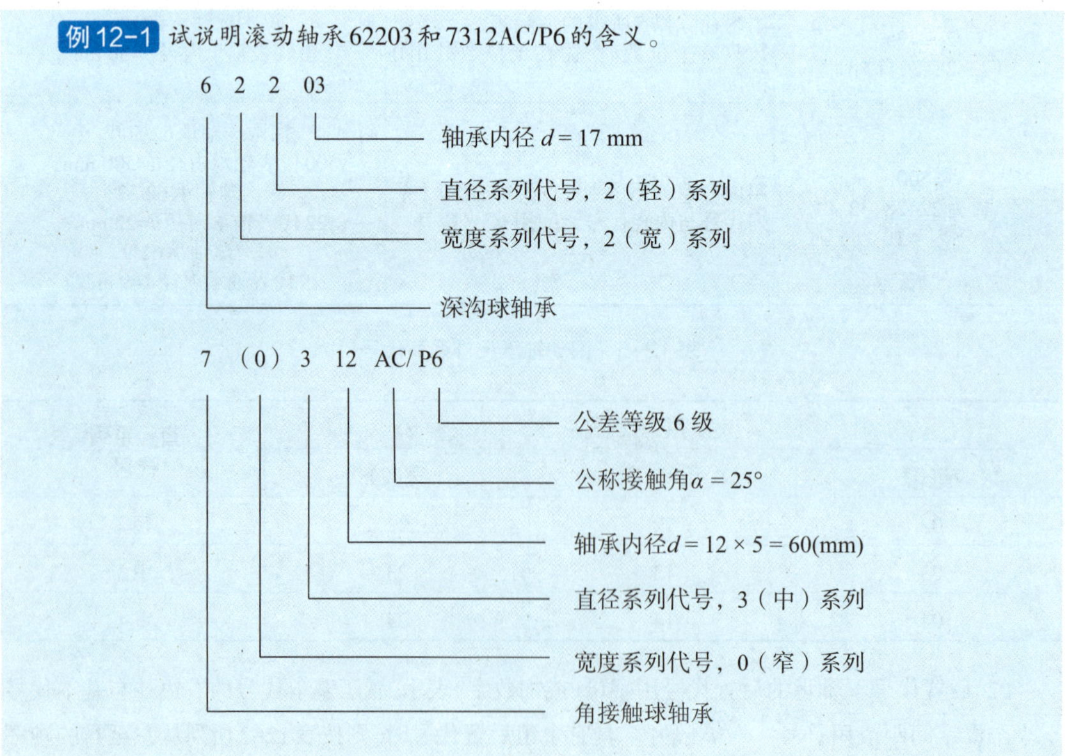

12.2 滚动轴承的类型选择

各类滚动轴承有不同的特性。因此选择滚动轴承类型时,必须根据轴承实际工作情况合理选择,一般考虑下列五个因素。

(1)载荷的性质、大小和方向。①载荷的性质和大小。在相同外廓尺寸条件下,滚子轴承的承载能力和抗冲击能力一般比球轴承大。故载荷大、有振动和冲击时应选用滚子轴承;载荷小、无振动和冲击时应选用球轴承。②载荷的方向。纯径向载荷可以选用各类向心轴承;纯轴向载荷可以选用各类推力球轴承柱滚子轴承;联合载荷一般选用角接触球轴承或圆锥滚子轴承。若径向载荷较大而轴向载荷较小,可选用深沟球轴承;若轴向载荷较大而径向载荷较小,可选用推力角接触球轴承,也可将向心轴承和推力轴承进行组合,分别承受径向和轴向载荷。

(2)轴承的转速。通常球轴承的极限转速高于滚子轴承,各种推力轴承的极限转速均低于向心轴承。每个型号的轴承其极限转速值均列于轴承样本中,选用时应保证工作转速低于极限转速。向心球轴承的极限转速高,轴承的工作转速高时应优先选用。

(3)轴承的调心性。当轴的支点跨距大、刚性差或由于加工安装等原因造成轴承有较大不同心时,应选用能适应内、外圈轴线有较人相对偏斜的调心轴承。在使用调心轴承的同一轴上,一般不宜使用其他类型轴承,以免调心轴承受其影响而失去了调心作用。

(4)安装与拆卸。安装拆卸较频繁时,应选用分离型结构的轴承,如圆锥滚子轴承、圆柱滚子轴承、滚针轴承和推力轴承等。

(5)经济性。在满足使用要求的情况下,应优先选用价格低的滚动轴承,一般来说,球轴承的价格低于滚子轴承,所以只要满足使用要求,应优先选用球轴承。不同公差等级的轴承,价格相差悬殊。因此选用高精度轴承必须慎重。

12.3 滑动轴承

滑动轴承是由轴颈、轴瓦、轴颈止推面和推力瓦组成的面接触滑动摩擦副,用来支承回转的零部件。

发展历史悠久的滑动轴承由于自身的一些独特优点,使其在某些特殊场合仍占有重要地位。如在高速、重载、高精度、腐蚀介质、径向结构小等场合下,滑动轴承显示出比滚动轴承更为优越的性能,甚至有些场合只有滑动轴承才能胜任。

12.3.1 滑动轴承的主要特点

滑动轴承的主要特点如下：

(1)滑动轴承为面接触，因而承载能力较大。

(2)轴承工作面上的油膜有减震、缓冲和降噪声的作用。

(3)处于液体摩擦状态下，摩擦系数小、磨损轻微、使用寿命长。

(4)影响精度的零件数较少，故可达到很高的回转精度。

(5)对重型轴承可单件生产，成本较低。

(6)可做成剖分式，便于装配。

(7)径向尺寸小，适合于轴密集排列或轴上回转零件径向尺寸小的场合。

(8)能在特殊工作条件下工作，如在水、腐蚀介质或无润滑介质等条件下工作。

因此，滑动轴承在内燃机、汽轮机、铁路机车车辆、轧钢机、金属切削机床、雷达、卫星通信地面站和天文望远镜等方面仍有广泛应用。

12.3.2 滑动轴承的分类

滑动轴承根据其滑动表面间的摩擦状态不同，可分为液体摩擦滑动轴承和非液体摩擦滑动轴承。这里的非液体摩擦是指边界摩擦和混合摩擦。液体摩擦滑动轴承中，根据其相对运动的两表面间油膜形成原理的不同，又可分为流体动力润滑轴承（简称动压轴承）和流体静力润滑轴承（简称静压轴承）。本书主要讨论动压轴承。

12.3.3 滑动轴承的典型结构

1. 径向滑动轴承

常见的径向滑动轴承结构有整体式、剖分式和调心式。图12-3所示为一整体式径向滑动轴承，它由轴承座和整体轴瓦组成。整体式径向滑动轴承具有结构简单、成本低、刚度大等优点，但在装拆时需要轴承或轴做较大的轴向移动，故装拆不便，而且当轴颈与轴瓦磨损后，无法调整其间的间隙。所以这种结构常用于轻载、不需经常装拆且不重要的场合。

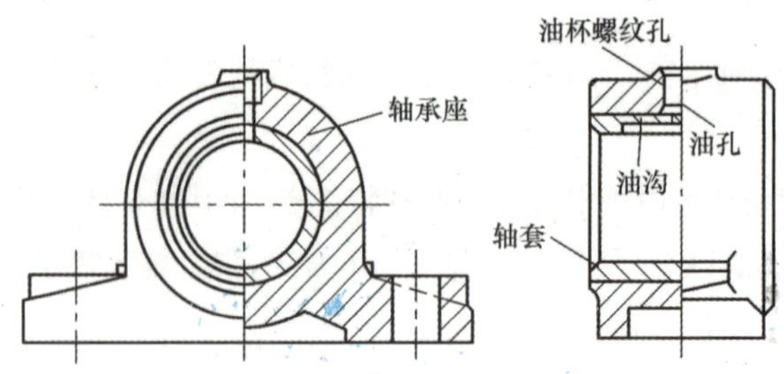

图12-3 整体式径向滑动轴承

剖分式径向滑动轴承的结构如图12-4所示，它由轴承座、轴承盖、剖分式轴瓦和螺栓等组成。为防止轴承座与轴承盖间的相对横向错动，接合面要做成阶梯形或设止动销钉。这种结构装拆方便，且在接合面之间可放置垫片，通过调整垫片的厚度来调整轴瓦和轴颈间的间隙。

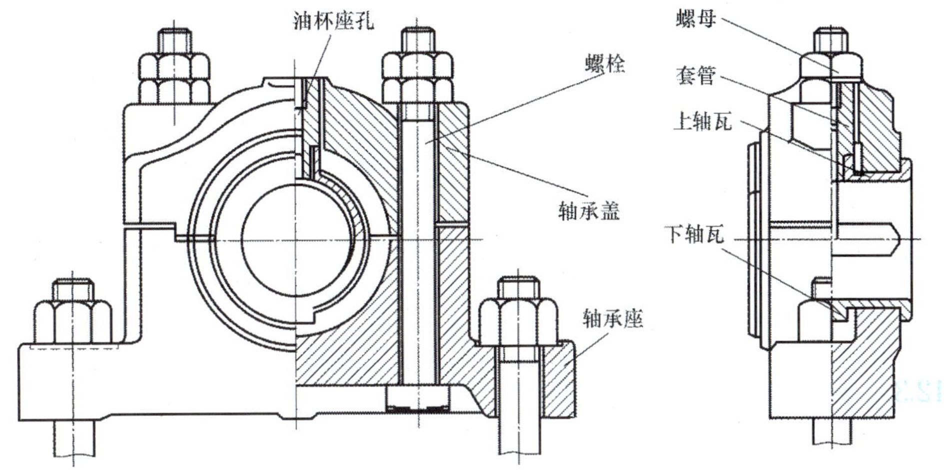

图 12-4　剖分式径向滑动轴承

当载荷的方向有较大的偏斜时，轴承的剖分面应做相应的偏斜，使剖分面与载荷大致垂直。图 12-5 为斜剖分式径向滑动轴承。

调心式径向滑动轴承的结构如图 12-6 所示，其轴瓦和轴承座之间以球面形成配合，使得轴瓦和轴相对于轴承座可在一定范围内摆动，从而避免因安装误差或轴的弯曲变形较大，造成轴颈与轴瓦端部的局部接触所引起的剧烈偏磨和发热，但由于球面加工不易，所以这种结构一般只用在轴承的宽径比较大的场合。

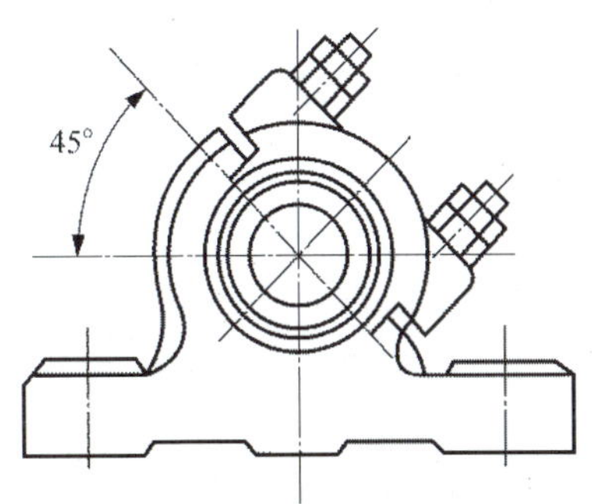

图 12-5　斜剖分式径向滑动轴承

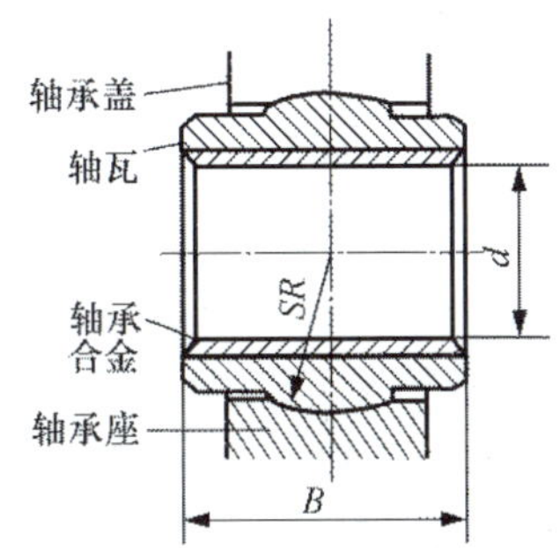

图 12-6　调心式径向滑动轴承

2. 推力滑动轴承

推力滑动轴承用于承受轴向载荷，其推力轴颈的结构有三种，如图 12-7 所示。

实心推力轴颈[图 12-7(a)]的支承面是完整的端平面，磨损后分布很不均匀，中心处的压力最大。因此，润滑油容易被挤出。环形推力轴颈[图 12-7(b)]由于把轴颈中间挖空，所以支承面上的压力分布均匀。多环形推力轴颈[图 12-7(c)]由于支承面积增大，故用于推力大的场合。

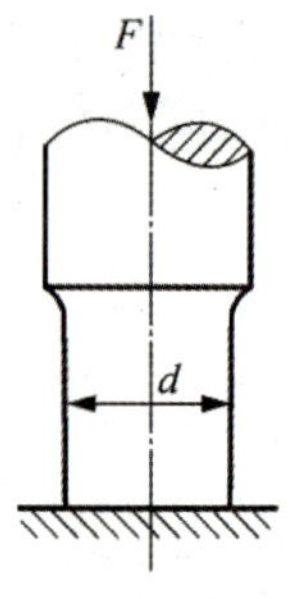

(a)实心推力轴颈

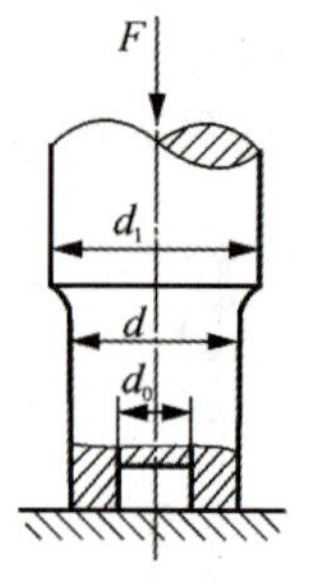

(b)环形推力轴颈

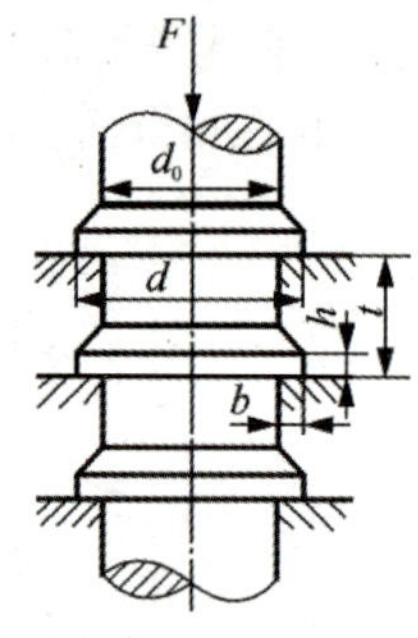

(c)多环形推力轴颈

图 12-7　推力滑动轴承的结构

12.3.4　滑动轴承的材料

轴瓦和轴承衬的材料统称轴承材料。因为它们直接与轴颈接触，所以对它们的性能有以下基本要求：

(1)良好的减摩性和耐磨性。减摩性是指具有较小的摩擦系数，耐磨性是指抗黏着(尤其是抗胶合)磨损、抗磨粒磨损、抗腐蚀磨损的能力较高。减摩性和耐磨性与轴颈和轴瓦的材料匹配、表面粗糙度和润滑油的油品性质等有关。

(2)足够的抗压、抗冲击和抗疲劳强度性能。

(3)良好的顺应性、嵌藏性、跑合性和润滑性。顺应性是指适应对中误差和其他几何形状误差的能力，硬度低、弹性模量小和塑性好的材料一般具有良好的顺应性，但抗压强度低；嵌藏性是指嵌藏微粒污物使之不外露以防磨粒磨损的能力，通常，顺应性好的金属材料，其嵌藏性也好；跑合性是指经短期轻载的初始磨损使表面粗糙度降低，因而使许用的油膜厚度降低，容易实现流体动力润滑；润滑性是指润滑剂对摩擦表面有较大的吸附力，可使之形成牢固的边界膜的能力。

(4)导热性好、热膨胀系数小、工艺性好、价格低廉等。

现有的轴承材料不可能同时满足上述所有要求。因此，只能根据使用中的主要要求来选择材料。在选择材料时，通常主要应先从载荷、速度、温度这几方面来考虑；其次是环境条件，如腐蚀介质和粉尘等。经济性也非常重要，应统筹解决。

目前常用的轴承材料有金属材料、多孔质金属材料和非金属材料三大类。

1. 金属材料

(1)轴承合金。轴承合金又称巴氏合金或白合金，是在软基体金属(如锡、铅)中适量加入硬金属颗粒(如锑或铜)而形成。软基体金属具有良好的跑合性、嵌藏性和顺应性，而硬金属颗粒则起到支承载荷、抵抗磨损的作用。按基体材料的不同，可分为锡锑轴承合金和铅锑轴承合金两类。锡锑轴承合金的摩擦系数小，抗胶合性能良好，对润滑油的吸附性强，且易跑合、耐腐蚀，常用于高速、重载场合，但价格较高。因此，一般作为轴承衬材料而浇铸在钢、铸铁或青铜轴瓦上。铅锑轴承合金的各种性能与锡锑轴承合金接近，但这种材料较脆，不宜承受较大的冲击载荷，一般用于中速、中载场合。

(2)铜合金。铜合金是铜与锡、铅、锌或铝的合金，是传统使用的轴承材料，主要分为青铜和

黄铜两类，其中青铜最为常用。

青铜类材料的强度高、耐磨和导热性好，但可塑性及跑合性较差。因此与之相配的轴颈必须淬硬。青铜可以单独做成轴瓦，但为了节省有色金属，也可将青铜浇铸在钢或铸铁轴瓦内壁上。用作轴瓦材料的青铜，主要有锡青铜、铅青铜和铝青铜，在一般情况下，它们分别用于中速重载、中速中载和低速重载的场合。

黄铜类材料的减摩性能低于青铜，但具有良好的铸造及加工工艺性，并且价格低廉，可用作低速中载轴承的材料。

(3)铝基轴承合金。铝基轴承合金是一种较新的轴承材料，具有强度高、耐蚀性好、表面性能优良等特点。因此，在一些应用领域(如增压柴油机轴承)中取代了价格较高的轴承合金和青铜。

(4)铸铁。普通灰铸铁、耐磨铸铁，或者球墨铸铁，都可以用作轴承材料。这类材料价格低廉，并且铸铁中的石墨可以在轴瓦表面形成一层起润滑作用的石墨层。因此具有一定的耐磨性。由于铸铁材料的可塑性和跑合性较差，故一般用于低速、轻载及无冲击的场合。

2. 多孔质金属材料

多孔质金属材料由铜、铁、石墨等粉末压制、烧结而成。这种材料具有多孔结构，在使用前先把轴瓦在热油中浸渍数小时，使孔隙内充满润滑油。因此，这种材料的轴承常称为含油轴承。在运转时，轴瓦温度升高，由于油的膨胀系数比金属的大，所以油自动进入摩擦表面起到了润滑作用。在不工作时，由于毛细管的作用，油被吸回到孔隙中。因此在较长的时间内，轴承不加润滑油也能很好地工作，特别适用于不易经常添加润滑剂或密封性结构。由于多孔质金属材料的韧性较差，所以一般仅适用于无冲击、轻载和低速场合。常用的多孔质金属材料有铁基和铜基两种，具有成本低、含油量多和强度高等特性。近年来又发展出了铝基粉末冶金材料，它具有重量轻、温升小和寿命长等优点。

3. 非金属材料

用于轴承的非金属材料有塑料、橡胶、碳-石墨等，其中塑料用得最多，主要有聚四氟乙烯、酚醛树脂和尼龙等。

塑料轴承材料具有自润滑性能，其重量轻、强度高、摩擦系数小、抗振和抗胶合性能好，低速轻载时能在无润滑的条件下工作。与金属轴承相比，塑料轴承的优越之处在于其能用于腐蚀、污染和蒸发等恶劣环境。因此，在许多场合下能胜任金属轴承无法承担的工作。然而需要注意的是，塑料轴承材料的导热性和耐热性较差，其热传导能力只有钢的百分之几，所以使用时必须考虑散热问题。又由于塑料轴承材料的热膨胀系数远比钢的大，高温条件下尺寸的稳定性较差。因此，在与钢制轴颈配合使用时应考虑留有足够的轴承间隙。此外，塑料轴承材料的强度和屈服极限较低，所以在装配和工作时所能承受的载荷也很有限。

橡胶轴承材料柔软，具有弹性，能有效地隔振和降低噪声。其缺点是导热性差，温度过高时易老化，耐腐蚀和耐磨性也变差。橡胶轴承一般用水作润滑剂和冷却剂，常用于有水和泥浆的设备中。轴承内壁带有纵向沟槽，以便于润滑、冷却和冲走污物。

碳-石墨轴承材料由不同量的碳和石墨组合而成，石墨含量愈大，材料愈软，摩擦系数也愈小。碳-石墨轴承材料具有自润滑性、耐腐蚀性和高温稳定性，常用于在恶劣环境下工作的轴承。

12.3.5 轴瓦结构

轴瓦是轴承中直接与轴颈接触的部分,轴瓦的结构分为整体式、剖分式两类,如图12-8所示。对开式轴承的轴瓦由上下两半组成。为使轴瓦既有一定的强度,又有良好的减摩性,常在轴瓦内表面浇铸一层减摩性好的材料,称为轴承衬。轴承衬应可靠地贴合在轴瓦表面上,为使轴承衬与轴瓦结合牢固,可在轴瓦内壁制出沟槽。轴瓦与轴承衬结合的形式如图12-9所示。

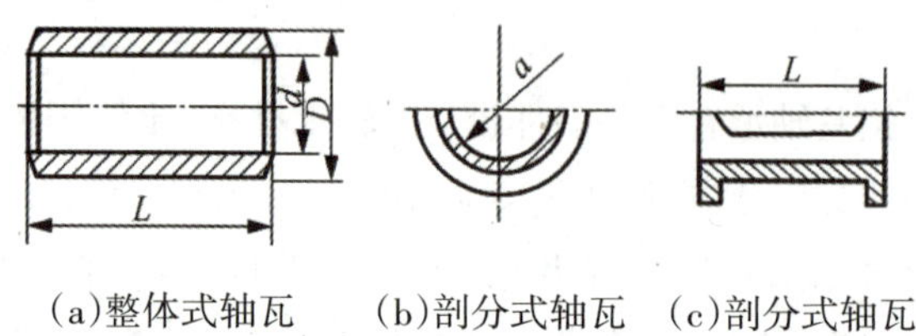

(a)整体式轴瓦　(b)剖分式轴瓦　(c)剖分式轴瓦

图12-8　轴瓦的结构

(a)用于钢或铸铁轴瓦　(b)用于青铜轴瓦

图12-9　轴瓦与轴承衬结合的形式

为了将润滑油引入轴承,并布满于工作表面,常在其上开有供油孔和油沟,油沟的形状及位置如图12-10所示,供油孔和油沟应开在轴瓦的非承载区,否则会降低轴瓦的承载能力。轴向油沟也不应在轴瓦全长上开通,以免润滑油自油沟端部大量泄漏。

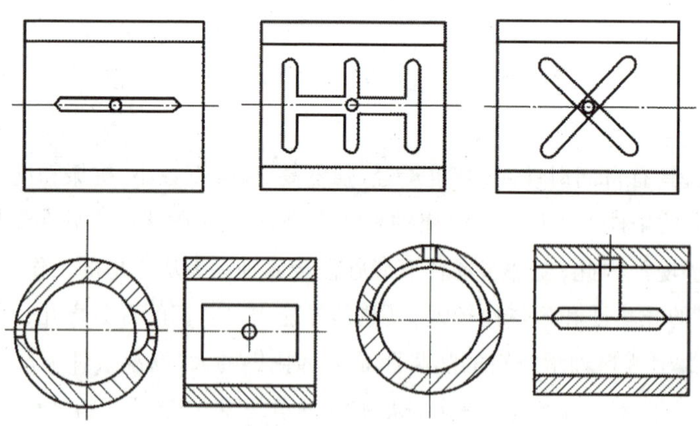

图12-10　油沟的形状及位置

12.3.6 滑动轴承的润滑

滑动轴承使用润滑剂进行润滑主要是为了降低摩擦和减少磨损,同时还可以起到冷却、吸振、防尘、防锈等作用。

常用的润滑剂为润滑油和润滑脂，其中以润滑油应用最广。石墨、二硫化铝、水、空气等也可作为润滑剂，主要用于一些特殊场合。

1. 润滑油的选择

选择滑动轴承所用的润滑油时，主要考虑黏性和油性两项性能指标。对于液体摩擦轴承，黏性起主要作用；对于非液体摩擦轴承，油性起主要作用。

黏性指标用黏度（动力黏度、运动黏度、相对黏度等）来表示，而油性目前尚无具体性能指标，这是因为影响油性的因素较复杂，很难定出。因此，对非液体摩擦轴承，通常也是参考黏度来选油，同时还要考虑是否含油性添加剂。

2. 润滑脂的选择

对于要求不高，难以经常供油或摆动工作的非液体摩擦轴承，可用润滑脂进行润滑。润滑脂主要有钠基、钙基、锂基几种。钠基润滑脂耐热性较好，但抗水性差；钙基润滑脂耐热性差，抗水性较好；锂基润滑脂的耐热性、抗水性均较好，但价格较贵。

选择润滑脂时可按轴承的压强、轴径的圆周速度、最高温度来选择润滑脂的锥入度和种类，见表12-7。

表12-7　滑动轴承润滑脂的选择

轴承压强 P/MPa	轴颈圆周速度 v/(m·s^{-1})	最高温度 t/°C	选用润滑脂牌号
< 1	≤1	15	3号钙基脂
1~6.5	0.5~5	55	2号钙基脂
6.5	≤0.5	75	3号钙基脂
6.5	0.5~5	120	2号钙基脂
6.5	≤0.5	110	1号钙钠基脂
1~6.5	≤1	100	2号锂基脂
> 6.5	≤0.5	60	2号压延基脂

3. 润滑方法

润滑油的供应方法有间歇式和连续式。手工用油壶或油枪向注油环注油，只能做到间歇润滑。这对于小型、低速或间歇运动的轴承是可行的；对于重要的轴承，必须采用连续供油方法。

(1)滴油润滑。针阀油杯可做到连续滴油润滑。油杯上端的小手柄直立时，杯中的针阀便打开，滴油；小手柄卧倒时，针阀关闭，停止滴油。调节螺母可调节滴油速度。

(2)芯捻润滑。芯捻润滑是借助于芯捻的毛细管作用将油杯中的润滑油吸引到轴颈表面进行润滑。芯捻油杯在轴承停转时也在供油，其供油量不易调节。

(3)油环润滑。油环润滑是轴颈上套一油环，油环下部浸在油中，轴颈转动时靠摩擦力带动油环转动，将油带到轴颈表面进行润滑。轴颈转速过高或过低，油环带油量都会不足，其适合的转速范围为50~3 000 r/min。用油环润滑的轴承，其轴线只能水平放置。

(4)压力循环润滑。压力循环润滑是用油泵系统向轴承进行压力循环供油，可保证供油充分、散热良好。这种方法多用于高速、重载轴承上。

(5)润滑脂润滑。润滑脂润滑是将润滑脂装满油脂杯，旋动上盖即可将润滑脂挤入轴承中。

第13章

联轴器、离合器

联轴器是连接两轴或轴与回转件，在传递运动和动力过程中一同回转而不脱开的一种机械装置。联轴器必须在机器停转后，经过拆卸才能使两轴分离。

离合器是一种可以通过各种操纵方式实现主、从动部分在同轴线上，且传递运动和动力时，具有接合或分离功能的机械装置。

13.1 联轴器

13.1.1 被连接轴的相对偏移

联轴器所连接的两轴，由于制造和安装的误差，承载后的变形及温度变化、轴承磨损等原因，都可能使被连接的两轴相对位置发生变化。因而，联轴器除了应能传递所需的转矩外，还应具有一定的位移补偿能力，以适应两轴的不对中性。两轴可能出现的偏移形式如图13-1所示。

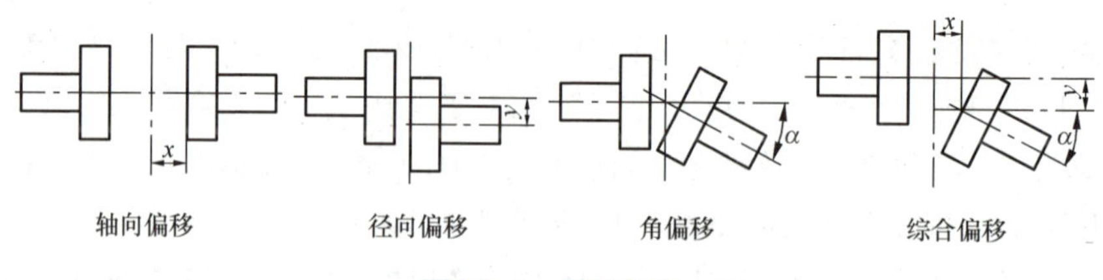

图13-1　轴的偏移

13.1.2 联轴器的分类

联轴器的类型有很多，根据内部是否包含弹性元件，可划分为刚性联轴器和挠性联轴器两大类。刚性联轴器不具有位移补偿能力，但有结构简单、制造容易、不需维护、成本低等特点，因而仍有其应用范围。挠性联轴器因包含弹性元件故可缓冲减震，并可在不同程度上补偿两轴间的偏移。

1. 刚性联轴器

(1)凸缘联轴器。凸缘联轴器是把两个带有凸缘的半联轴器,用键分别与两轴连接,然后用螺栓把两个半联轴器连成一体,以传递运动和转矩,如图13-2所示。它结构简单、工作可靠、传递的转矩大、装拆方便,可以连接不同直径的两轴,也可以连接圆锥形轴身。因此,凸缘联轴器是应用最广泛的一种联轴器。

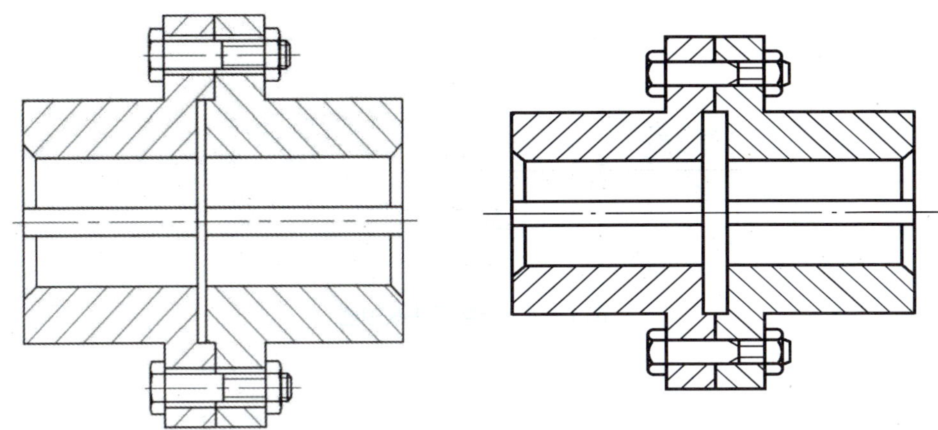

图13 2 凸缘联轴器

(2)套筒式联轴器。套筒式联轴器是一个圆柱形套筒,它与轴用圆锥销或键连接以传递转矩,如图13-3所示。当用圆锥销连接时,传递的转矩较小;当用键连接时,传递的转矩较大。套筒式联轴器结构简单、制造容易、径向尺寸小,但两轴线要求严格对中,装拆时需做轴向移动。它适用于工作平稳、无冲击载荷的低速、轻载的轴。

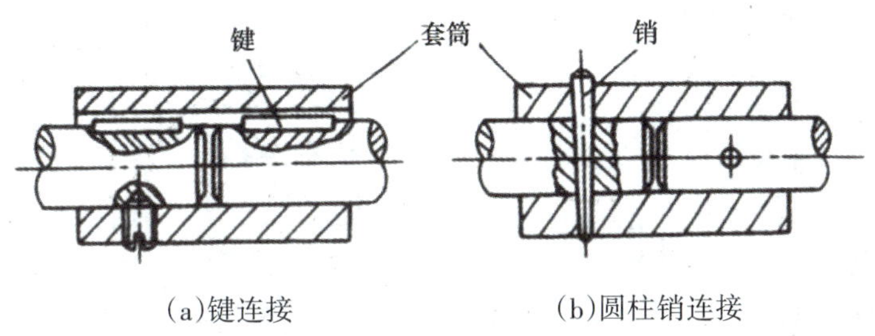

图13-3 套筒式联轴器

2. 挠性联轴器

(1)十字滑块联轴器。图13-4所示是十字滑块联轴器,由两个在端面开有凹槽的半联轴器1和2以及一个两面都有凸榫的浮动盘3组成。凹槽的中心线分别通过两轴的中心,两凸榫的中线互相垂直,并通过滑块的中心。

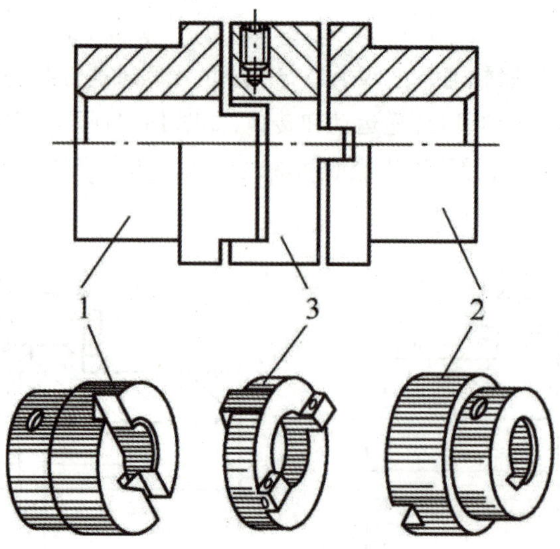

图 13-4　十字滑块联轴器

（2）弹性套柱销联轴器。弹性套柱销联轴器的构造与凸缘联轴器相似，只是用套有弹性套的柱销代替了连接螺栓，如图 13-5 所示。弹性套柱销联轴器结构简单、制造容易、装拆方便、成本较低，适用于转矩小、转速高、频繁正反转、需要缓和冲击振动的场合，尤其在高速轴上应用十分广泛。

（3）弹性柱销联轴器。弹性柱销联轴器是用尼龙柱销将两个半联轴器连接起来，如图 13-6 所示。这种联轴器结构简单、维修安装方便，具有吸振和补偿轴向位移及微量径向位移和角位移的能力，其允许的径向位移为 0.10~0.25 mm。

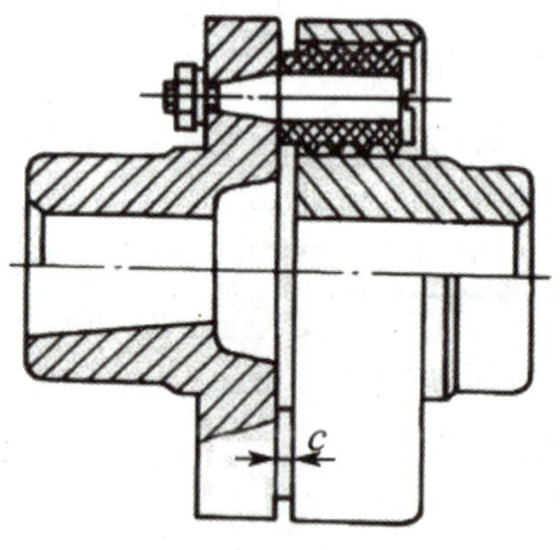

图 13-5　弹性套柱销联轴器

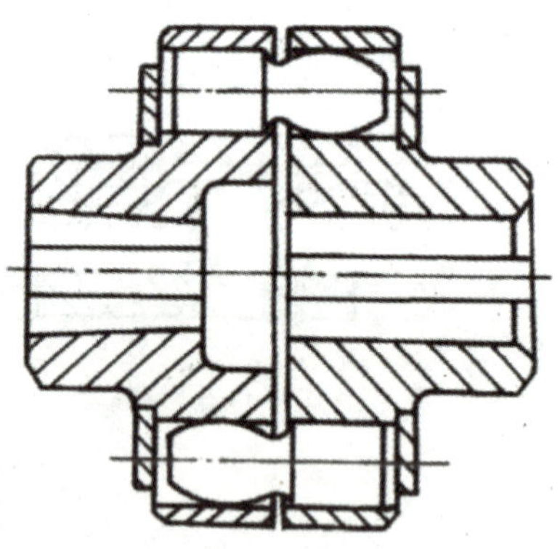

图 13-6　弹性柱销联轴器

13.2 离合器

13.2.1 离合器的功用

离合器具有各种不同的用途，根据原动机和工作机之间或机械中各部件之间的工作要求，离合器可以实现相对启动或停止及改变传动件的工作状态。此外，离合器还可以作为启动或过载时控制传递转矩大小的安全保护装置。

离合器应满足下列基本要求：便于接合与分离、接合与分离迅速可靠、接合时震动小、调节维修方便、尺寸小、重量轻、耐磨性好、散热性好等。

13.2.2 离合器的分类

离合器按接合元件传动的工作原理可分为嵌合式离合器和摩擦式离合器，按实现离、合动作的过程可分为操纵离合器和自控离合器，按离合器的操纵方式可分为机械离合器、气压离合器、液压离合器和电磁离合器等。

1. 牙嵌离合器

牙嵌离合器是一种嵌合式离合器，其中一半离合器用平键与主动轴连接，另一半离合器用导向平键（或花键）与从动轴连接，并用滑环操纵离合器的分离和接合，对中环用来保证两轴线同心，如图13-7所示。

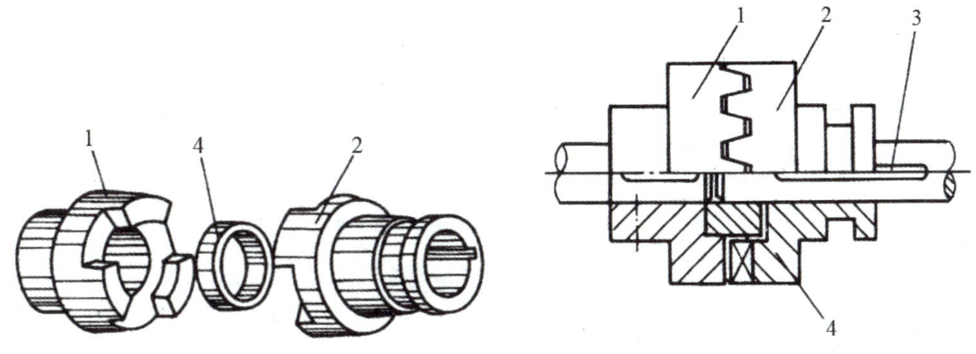

（a）牙嵌离合器的结构　　（b）牙嵌离合器的安装示意图

1、2—半离合器；3—导向平键；4—对中环

图13-7　牙嵌离合器

牙嵌离合器结构简单、尺寸小、工作时无滑动。因此应用广泛，但它只宜在两轴不回转或回转差很小时进行离合，否则会因撞击而断齿。

2. 摩擦离合器

摩擦离合器可以在不停车或主、从动轴转速差较大的情况下进行接合与分离，并且较为平稳，是依靠主、从动半离合器接触表面之间的摩擦力来传递转矩的离合器。

（1）单盘摩擦离合器。图13-8为单盘摩擦离合器，圆盘1紧固在主动轴上，圆盘2可以沿导向平键在从动轴上移动，移动滑环3可使两圆盘接合或分离。

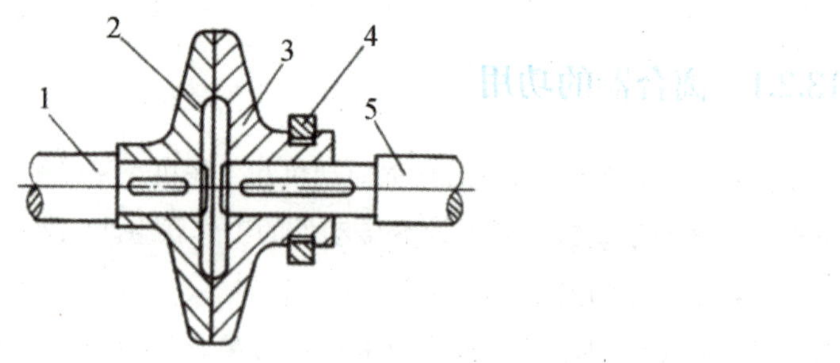

图13-8　单盘摩擦离合器

（2）多片摩擦离合器。为了提高摩擦离合器传递转矩的能力，通常采用多片摩擦离合器，这种离合器有内、外两组摩擦片，如图13-9所示。增加摩擦片数目可以提高离合器传递转矩的能力，但摩擦片过多会影响分离动作的灵活性，一般接合面数目不超过10~15对。

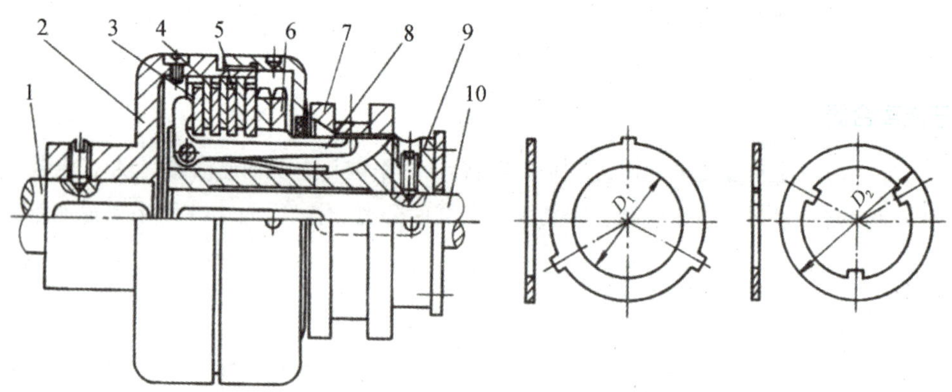

（a）多片摩擦离合器的结构　　（b）外摩擦片　　（c）平板形内摩擦片

1—主动轴；2—外套；3—压板；4—外摩擦片；5—内摩擦片；6—螺母；7—滑环；8—曲臂压杆；9—套筒；10—从动轴

图13-9　多片摩擦离合器

3. 安全离合器

安全离合器用来精确限定其传递的转矩，当传递的转矩未超过限定值时，其作用相当于联轴器，故又称为安全联轴器。

4. 定向离合器

定向离合器只能按一个转向传递转矩，反方向时能自动分离。机器中广泛采用的是滚柱式定向离合器，如图13-10所示，它由星轮1、外圈2、滚柱3、弹簧顶杆4等组成。

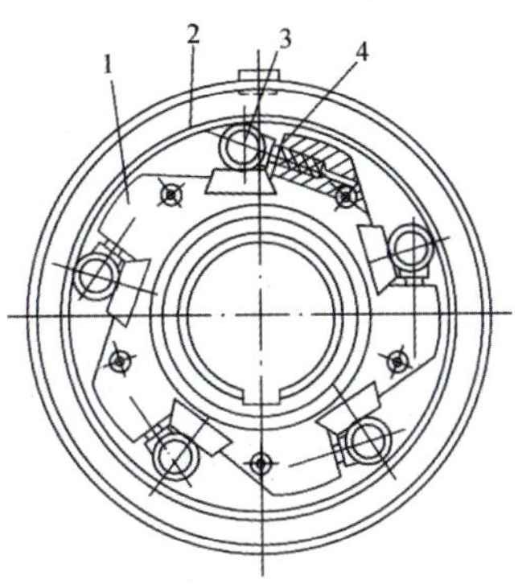

图 13-10　滚柱式定向离合器

参考文献

［1］ 张翠华，杨文敏，杨胜培，等．机械设计［M］．西安：西北工业大学出版社，2015.

［2］ 孙桓，陈作模，葛文杰．机械原理［M］.8 版．北京：高等教育出版社，2013.

［3］ 孙志礼，冷兴聚，魏延刚，等．机械设计［M］．沈阳：东北大学出版社，2000.

［4］ 杨可桢，程光蕴，李仲生．机械设计基础［M］.6 版．北京：高等教育出版社，2013.

［5］ 濮良贵，陈国定，吴立言．机械设计［M］.10 版．北京：高等教育出版社，2019.

［6］ 贾宗太．机械基础［M］．北京：航空工业出版社，2015.

［7］ 陈立德，罗卫平．机械设计基础［M］.4 版．北京：高等教育出版社，2013.

［8］ 隋明阳．机械设计基础［M］.2 版．北京：机械工业出版社，2008.

［9］ 孟玲琴，王志伟．机械设计基础课程设计［M］.4 版．北京：北京理工大学出版社，2017.

［10］李靖宇，史向坤，孔凡杰．机械设计基础［M］．大连：大连理工大学出版社，2010.